RAL·NEU 研究报告　No.0017

高品质电工钢薄带
连铸制造理论与工艺技术研究

轧制技术及连轧自动化国家重点实验室
（东北大学）

北　京
冶金工业出版社
2015

内 容 简 介

　　本书首先分析了当前我国电工钢行业遇到的问题，探讨了近终形薄带连铸技术在开发特殊钢种上的优势和潜力，指出基于薄带连铸技术生产电工钢是一个极具潜力的发展方向；然后从薄带坯的初始组织、织构控制原理及遗传影响、无取向硅钢的组织性能调控原理、6.5％Si 高硅钢的增塑方法及组织性能调控等基础研究内容进行了详细阐述和理论分析；最后详细论述了普通取向硅钢、高磁感取向硅钢，特别是超低碳取向硅钢的抑制剂、组织、织构调控原理及原型钢的制备工艺流程。

　　本书对冶金企业、科研院所等从事钢铁材料研究和开发的科技人员、工艺开发人员具有重要的参考价值，也可供高等院校钢铁冶金、材料科学、材料加工、热处理等专业的教师及研究生阅读、参考。

图书在版编目（CIP）数据

高品质电工钢薄带连铸制造理论与工艺技术研究/轧制技术及连轧自动化国家重点实验室（东北大学）著 . —北京：冶金工业出版社，2015.10

（RAL·NEU 研究报告）

ISBN 978-7-5024-7042-5

Ⅰ.①高… Ⅱ.①轧… Ⅲ.①电工钢—薄带坯连铸—研究Ⅳ.①TF 777.7

中国版本图书馆 CIP 数据核字（2015）第 222110 号

出 版 人　谭学余
地　　　址　北京市东城区嵩祝院北巷 39 号　邮编　100009　电话　(010)64027926
网　　　址　www.cnmip.com.cn　电子信箱　yjcbs@cnmip.com.cn
策　　划　任静波　责任编辑　卢 敏　李培禄　美术编辑　彭子赫
版式设计　孙跃红　责任校对　卿文春　责任印制　牛晓波
ISBN 978-7-5024-7042-5
冶金工业出版社出版发行；各地新华书店经销；三河市双峰印刷装订有限公司印刷
2015 年 10 月第 1 版，2015 年 10 月第 1 次印刷
169mm×239mm；9 印张；141 千字；127 页
52.00 元

冶金工业出版社　投稿电话　(010)64027932　投稿信箱　tougao@cnmip.com.cn
冶金工业出版社营销中心　电话　(010)64044283　传真　(010)64027893
冶金书店　地址　北京市东四西大街 46 号(100010)　电话　(010)65289081(兼传真)
冶金工业出版社天猫旗舰店　yjgycbs.tmall.com
（本书如有印装质量问题，本社营销中心负责退换）

研究项目概述

1. 研究项目背景与立题依据

电工钢（又称硅钢）是电力、电子和军事工业领域不可缺少的重要软磁材料，主要分为取向硅钢和无取向硅钢两大类，广泛用于制造电动机、发电机、变压器铁芯以及各种电讯器材，是具有高附加值和战略意义的钢铁产品。硅钢生产技术具有高度的保密性和垄断性，是衡量一个国家特殊钢生产和科技发展水平的重要标志。

电工钢传统生产流程冗长、工艺复杂、窗口狭窄、制造困难、成本高、成材率低，因此被称为钢铁工业的"艺术品"。长期以来，我国硅钢生产核心技术与装备，受制于国外发达国家，长期处于引进、仿制、跟跑的地位。更严峻的形势是，国外发达国家现在对我国实施了严密的技术封锁，已经达到无条件拒绝转让硅钢制造新技术的程度。我国硅钢制造工业存在的主要问题是：缺乏自主知识产权的硅钢制造核心技术、工艺装备及研发能力。为此，亟须系统开展硅钢新一代制造理论及技术研究，打破发达国家的垄断局面，使我国彻底摆脱"落后—引进—落后—再引进"的局面，促进我国钢铁工业的可持续发展。薄带连铸技术是一种以钢水为原料直接生产薄带材的绿色化新技术，具有短流程、低成本、低能耗、低排放等巨大优势。发达国家投入巨资，竞相研发。我国政府文件也多次将此技术列入重点支持方向。

东北大学轧制技术及连轧自动化国家重点实验室（RAL）王国栋课题组认真分析了目前国际上电工钢最先进生产技术的成分设计、组织与织构控制原理以及存在的工艺技术难题，并结合薄带连铸亚快速凝固、短流程的特征优势，于2008年提出并成功申报NSFC钢铁研究联合基金重点项目——"基于双辊薄带连铸的高品质硅钢织构控制理论与工业化技术研究"（50734001），旨在突破目前国际上硅钢传统制造流程的局限，彻底解决硅钢生产存在的工艺复杂、生产难度大、生产成本高、成材率低等严峻问题，开发易控、高效率、低成本、高性能的新一代先进生产工艺流程，为电工钢生产开辟一条具有中国特色的创新发展道路。

2. 研究进展与成果

课题组在国际上率先建立了完备的电工钢近终形薄带连铸流程组织性能调控理论，取得了一系列研究进展与创新性成果，主要包括：

（1）发现亚快速凝固条件下铸带坯的初始组织、织构可控并提出了调控方法。传统观点认为在薄带连铸每秒高达 1000℃ 的冷却强度条件下只能形成细小的等轴晶组织和随机织构。课题组却发现：通过改变熔池内钢水的过热度可以制备出具有不同组织和织构特征的铸带坯。取向硅钢和 6.5% Si 高硅钢也呈现出相同的变化规律。不仅打破了人们对薄带连铸亚快速凝固的传统认识，而且满足了无取向硅钢、取向硅钢、6.5% Si 高硅钢对初始凝固组织和织构类型的个性化需求，为制备较之传统产品更高性能的硅钢产品提供了有利条件，也为其他各向异性织构材料的研发提供了新思路。

（2）阐明了无取向硅钢铸带坯初始组织、织构的遗传影响。前人由于未能成功获得具有不同初始组织和织构特征的铸带坯，所以，对其遗传影响的研究一直处于空白。课题组发现：等轴晶铸带坯的成品板的 {001} 再结晶织构非常弱，而柱状晶铸带坯的成品板的 {001} 织构显著增强。前者的磁感 B_{50} 与传统产品相当，而后者则提高 0.03T 以上，达到高效无取向硅钢的水平。从而确立了无取向硅钢铸带坯初始组织和织构的控制目标。

（3）弄清了无取向硅钢再结晶织构的优化调控原理并提出了控制方法。长期以来，在传统流程条件下，如何强化 {001} 再结晶织构并弱化 {111} 织构以提高磁感一直困扰着无取向硅钢研究工作者。大压缩比成为薄规格产品开发的瓶颈。人们不得不采取一些繁琐的附加措施（如热轧板常化处理、两阶段冷轧等），但是，效果非常有限。课题组研究发现：在薄带连铸条件下，通过对晶内剪切带和形变带这些亚结构的合理设计与调控，在不采取附加工序的条件下，即可获得近乎完美的织构组态：{001} 织构全面占优，{111} 织构基本消失。这种优越的织构在传统制造流程下是无法获得的。磁感 B_{50} 较之传统产品提高 0.04T 以上。

（4）解决了取向硅钢 Goss "种子"控制的难题。在传统的厚板坯连铸流程条件下，大于 100 倍的热轧压缩比对于 Goss 织构的形成至关重要。但是，在薄带连铸条件下，压缩比过小成为制备取向硅钢的一个障碍。课题组发现：通过对亚快速凝固过程进行调控可以获得非常细小的初始组织，在这种组织中即存在大量的 Goss 晶粒，经小变形量的热轧后可以保证存在一定数量的 Goss "种子"，可以满足后期二次再结晶的需要。另外，当初始凝固组织过于粗大时，在冷轧后进行中间退火也可以确保一定数量的 Goss "种子"。从而全面解决了薄带连铸条件下压缩比太小、剪切变形不够所引起的 Goss "种子"不足的难题，扫清了制备取向硅钢的第一个障碍。

（5）阐明了取向硅钢抑制剂控制原理并提出调控方法，使抑制剂控制难度显著降低。在传统的厚板坯生产流程条件下，为获得抑制剂需对铸坯进行长时间高温加热，导致炉内氧化、断坯、熔化、烧损十分严重，成材率非常低。抑制剂对热轧过程参数异常敏感，工艺控制窗口异常狭窄。因此，取向硅钢的生产难度非常大，废品率非常高。课题组创造性地提出：在二次冷却阶段采用快速冷却以减少抑制剂的形成，通过改变常化处理制度即可实现对抑制剂的数量、大小及分布状态的精确调控：抑制剂较传统流程更加细小（25~50nm）且尺寸分布更加集中。不但取消了高温加热和渗氮工序，而且使抑制剂调控难度显著降低、调控精度显著提高。

（6）开展了基于全流程全铁素体的成分设计制备取向硅钢的探索研究。发现在超低碳、不存在 γ/α 相变的条件下，也可以获得取向硅钢发生二次再结晶所需的抑制剂。需要特别指出的是，研究表明，初次再结晶组织的均匀性是保证形成完善二次再结晶组织的一个关键因素。由于一阶段冷轧法难以获得均匀、细小的初次再结晶组织，所以，最终难以获得完善的二次再结晶组织。相比之下，采用合适的两阶段冷轧法可以显著改善初次再结晶组织的均匀性并弱化 {001} 织构，故最终可以得到完善的二次再结晶组织。

（7）弄清了 6.5% Si 高硅钢的有序-无序转变行为，找到了改善塑性的途径。B2(FeSi)、$DO_3(Fe_3Si)$ 等有序结构被认为是导致 6.5% Si 高硅钢脆性的主要原因。各发达国家相继采用快速凝固法、化学气相沉积扩散法（CVD）、粉末冶金法等制备 6.5% Si 电工钢薄板以避开其室温脆性。目前在世界范围内只有日本 JFE 钢铁公司一家企业实现了 6.5% Si 高硅钢的工业化批量生产

（CVD 法）。但是，CVD 法存在诸多缺点如设备腐蚀严重、生产效率低、生产成本高、污染环境等。因此，用低成本、高效率、环境友好的轧制法制备 6.5% Si 高硅钢仍然是一个重要研发方向。课题组创造性地提出了应用"薄带连铸 + 热轧 + 温轧 + 冷轧"制备薄规格 6.5% Si 高硅钢的工艺路线，通过综合匹配连铸过程的凝固速率、热轧后的冷却及常化处理制度可以有效调控 B2、DO$_3$ 有序相，使材料的室温塑性得到显著改善。

通过以上研究工作，课题组在国际上率先掌握了电工钢近终形薄带连铸流程的系统原型工艺技术并制备出一系列高性能原型钢，主要包括以下三方面内容：

（1）形成了薄带连铸无取向硅钢的全流程原型工艺技术，可省去再加热和常化退火处理工序，在实验室条件下成功制备出高性能无取向硅钢原型钢，磁性能尤其是磁感指标显著优于国内外现有产品，为高效无取向硅钢薄带连铸产业化生产提供了技术原型；

（2）形成了薄带连铸取向硅钢的全流程原型工艺技术，彻底摆脱了高温加热、渗氮处理等繁复、苛刻工序，大幅降低生产难度，简化生产流程，降低生产成本，成功制备出 CGO 和 Hi-B 硅钢原型钢，磁性能明显提高；

（3）初步形成了基于全流程全铁素体的成分设计制备取向硅钢的原型工艺技术，省去了高温加热、脱碳退火、渗氮处理等繁复、苛刻工序，大幅降低生产难度，简化生产流程，降低生产成本，成功制备出 CGO 原型钢；

（4）形成了薄带连铸 6.5% Si 高硅钢的全流程原型工艺技术，成功制备出宽度达 160mm、厚度规格为 0.15 ～ 0.50mm、铁损指标与国外 CVD 产品相当、磁感指标显著提高的 6.5% Si 高硅钢原型钢薄带，使工业化生产 6.5% Si 高硅钢薄带成为可能。

3. 应用前景

东北大学 RAL 电工钢近终形薄带连铸课题组在多个国家自然科学基金项目的资助下，提出了基于双辊薄带连铸技术生产电工钢这种高投入、高技术、高难度、高消耗、高成本的钢铁产品的新一代先进制造流程。率先系统开展了电工钢薄带连铸基础研究和产业化技术研究，填补了国际上在此领域的空白，形成了具有自主知识产权的电工钢新一代先进制造理论和技术，为我国在这一新领域跻身国际前沿做出了努力。目前，科研成果正在转化为生产力，以上研究工作为武汉钢铁（集团）公司薄带连铸 6.5% Si 高硅钢中试研究示范线项目以及沙钢 40 万吨硅钢薄带连铸工业化示范线项目提供了大量的基础数据和原型工艺技术，将为高性能、节约型、低成本电工钢工业化生产发挥重要的示范作用，将为早日建成世界上首条电工钢薄带连铸生产线做出贡献。沙钢电工钢薄带连铸生产线一旦建成，无疑将会成为世界钢铁工业里程碑式的重大事件。

4. 论文与专利

论文：

（1）Haitao Liu, Guodong Wang, Zhenyu Liu, et al. Solidification structure and crystallographic texture of strip casting 3wt% Si non-oriented silicon steel[J]. Materials Characterization, 2011, 62(5): 463~468.

（2）Haitao Liu, Zhenyu Liu, Guodong Wang, et al. Microstructure and texture evolution of strip casting 3wt% Si non-oriented silicon steel with columnar structure[J]. Journal of Magnetism and Magnetic Materials, 2011, 323(21): 2648~2651.

（3）Hongyu Song, Huihu Lu, Haitao Liu, Guodong Wang. Investigation on microstructure, texture and tensile properties of hot rolled strip casting grain-oriented silicon steel[J]. Applied Mechanics and Materials, 2013, 395~396: 297~301.

（4）Haitao Liu, Zhenyu Liu, Guodong Wang, et al. Formation of {001} ⟨510⟩ recrystallization texture and magnetic property in strip casting non-oriented electrical steel[J]. Materials letters, 2012, 81(8): 65~68.

（5）Wu Shengjie, Chen Aihua, Liu Haitao, Li Hualong. Microstructure and texture evolution in twin-roll cast 3.2% Si steel sheet[C]. BAOSTEEL BAC 2013, Shanghai, N43~46.

（6）Haitao Liu, Zhenyu Liu, Guodong Wang, et al. Development of λ-fiber recrystallization texture and magnetic property in Fe-6.5 wt% Si thin sheet produced by strip casting and warm rolling method[J]. Materials letters, 2013, 91: 150~153.

（7） Haitao Liu, Zhenyu Liu, Guodong Wang, et al. Microstructure, texture and magnetic properties of strip casting Fe-6.2wt% Si steel sheet[J]. Journal of Materials Processing Technology, 2012, 212(9): 1941~1945.

（8） Hongyu Song, Haitao Liu, Huihu Lu, Haoze Li, Wenqiang Liu, Xiaoming Zhang, Guodong Wang. Effect of hot rolling reduction on microstructure, texture and ductility of strip-cast grain-oriented silicon steel with different solidification structures[J]. Materials Science & Engineering A, 2014, 605: 260~269.

（9） Hongyu Song, Haitao Liu, Huihu Lu, Lingzi An, Baoguang Zhang, Wenqiang Liu, Guangming Cao, Chenggang Li, Zhenyu Liu, Guodong Wang. Fabrication of grain-oriented silicon steel by a novel way: strip casting process[J]. Materials letters, 2014, 137: 475~478.

（10） Haitao Liu, Zhenyu Liu, Yu Sun, Yiqing Qiu, Guodong Wang. microstructure and texture evolution of strip casting Fe-6.2wt% Si steel[J]. Advanced Materials Research, 2012, 415~417: 947~950.

（11） Liu Haitao, Ma Dongxu, Cao Guangming, et al. Recent Developments of twin-roll strip casting silicon steels in RAL[C]. BAOSTEEL BAC 2010, Shanghai, J35~38.

（12） Haoze Li, Haitao Liu, Zhenyu Liu, et al. Characterization of microstructure, texture and magnetic properties in twin-roll casting high silicon non-oriented electrical steel[J]. Materials Characterization, 2014, 88: 1~6.

（13） Hongyu Song, Huihu Lu, Haitao Liu, Haoze Li, Dianqiao Geng, R. D. K. Misra, Zhenyu Liu, Guodong Wang. Microstructure and texture of strip cast grain-oriented silicon steel after symmetrical and asymmetrical hot rolling[J]. Steel Research International, 2014, 85: 1~6.

（14） Haitao Liu, J. Schneider, Guodong Wang, et al. Fabrication of high permeability non-oriented electrical steels by Increasing $\langle 001 \rangle$ recrystallization texture using compacted strip casting processes[J]. Journal of Magnetism and Magnetic Materials, 2015, 374: 577~586.

（15） Haoze Li, Haitao Liu, Zhenyu Liu, Guodong Wang . Effects of warm temper rolling on microstructure, texture and magnetic properties of strip-casting 6.5

wt% Si electrical steel[J]. Journal of Magnetism and Magnetic Materials, 2014, 370: 6~12.

(16) Haitao Liu, Zhenyu Liu, Guodong Wang, et al. Evolution of microstructure, texture and inhibitor along the processing route for grain-oriented electrical steels using strip casting[J]. Materials Characterization, 2015, 106: 273~282.

(17) Haitao Liu, Haoze Li, Hualong Li, Guodong Wang, et al. Effects of rolling temperature on microstructure, texture, formability and magnetic properties in strip casting Fe-6.5 wt% Si non-oriented electrical steel[J]. Journal of Magnetism and Magnetic Materials, 2015, 391: 65~74.

(18) Haitao Liu, J. Schneider, A. Stöcker, A. Franke, Fei Gao, Hongyu Song, Zhenyu Liu, R. Kawalla and Guodong Wang. Microstructure and texture evolution in non-oriented electrical steels along novel strip casting route and conventional route[J]. Steel Research International, 2015, accepted.

(19) Haitao Liu, Dongjie Chen, Baoguang Zhang, Hualong Li, Aihua Chen, Lei Li, Guodong Wang, R. D. K. Misra. The impact of hot rolling temperature after reheating in the new generation strip casting process on structure-property relationship in extra-low carbon steel[J]. Steel Research International, 2015, accepted.

(20) Hongyu Song, Haitao Liu, Huihu Lu, Wenqiang Liu, Yinping Wang, Zhenyu Liu, Guodong Wang. Microstructure and texture evolution of strip casting grain-oriented silicon steel[J]. IEEE Transactions on Magnetics. 2015, accepted.

(21) Haoze Li, Xianglong Wang, Haitao Liu, Zhenyu Liu, Guodong Wang. Microstructure, Texture evolution, and magnetic properties of strip-casting nonoriented 6.5 wt% Si electrical steel sheets with different thickness[J]. IEEE Transactions on Magnetics, 2015, 51(11): 1~4.

(22) Xianglong Wang, Haitao Liu, Zhenyu Liu. Effect of cooling rate on order degree of 6.5 wt.% Si electrical steel[J]. IEEE Transactions on Magnetics. 2015, accepted.

(23) Haitao Liu, J. Schneider, Guodong Wang, et al. Evolution of microstructure and texture along the processing route for electrical steels using strip casting [C]. 6th International Conference on Magnetism and Metallurgy, Cardiff-UK,

WMM'14, 2014, June 17~19, 370~379.

（24）刘海涛，刘振宇，王国栋，等．薄带连铸钢铁材料组织调控与性能优化［C］．第三届海峡两岸绿色材料及绿色製程論壇．台南，2014，9月3~4日．

（25）刘海涛，刘振宇，王国栋，等．电工钢薄带连铸短流程制造理论与工业化技术研究进展［C］．中国工程院化工、冶金与材料工程第十届学术会议，2014，10月21~25日，福州，575~582.

专利：

（1）王国栋，刘振宇，张晓明，李成刚，曹光明，张婷．一种高硅钢薄带及其制备方法．CN 201010297551.0。

（2）王国栋，刘海涛，刘振宇，李成刚，曹光明，马东旭，张晓明，吴迪．一种双辊薄带连铸制备取向硅钢等轴晶薄带坯的方法．CN 201010539148.4。

（3）刘振宇，刘海涛，王国栋，曹光明，李成刚，马东旭，张晓明，吴迪．一种双辊薄带连铸制备无取向硅钢等轴晶薄带坯的方法．CN 201010539378.0。

（4）刘海涛，王国栋，刘振宇，曹光明，李成刚，张晓明，吴迪．一种基于双辊薄带连铸技术的无取向硅钢板的制造方法．CN 201110220789.8。

（5）刘海涛，刘振宇，孙宇，鲁辉虎，宋红宇，李昊泽，王国栋．一种提高双辊薄带连铸无取向电工钢磁性能的方法．CN 201210491627.2。

（6）刘海涛，王国栋，刘振宇，曹光明，李成刚，张晓明，吴迪．一种双辊薄带连铸制备无取向硅钢柱状晶薄带坯的方法．CN 201010539203.X。

（7）刘海涛，王国栋，刘振宇，李成刚，曹光明，马东旭，吴迪．一种以氮化铝为抑制剂的取向硅钢薄带坯的制备方法．CN 201010565817.5。

（8）刘海涛，李昊泽，陈圣林，王项龙，张凤泉，宋红宇，李成刚，曹光明，骆忠汉，刘振宇，王国栋，一种冷轧无取向高硅钢薄板的短流程制造方法．201410489028.6。（已受理）

（9）刘海涛，宋红宇，鲁辉虎，刘文强，王银平，李成刚，曹光明，刘振宇，王国栋．一种超低碳取向硅钢板及其制造方法．201410504579.5。（已受理）

（10）刘海涛，李昊泽，陈圣林，王项龙，张凤泉，骆忠汉，刘振宇，王国栋．一种高磁感高硅无取向硅钢板及其制备方法．201410709225.4。（已受理）

（11）刘海涛，宋红宇，鲁辉虎，刘振宇，李成刚，曹光明，衣海龙，王国栋．一种增强双辊薄带连铸取向硅钢热轧高斯织构的方法．CN 201310170486.9。

（12）刘海涛，王项龙，李昊泽，安灵子，张宝光，刘文强，赵士淇，曹光明，李成刚，刘振宇，王国栋．一种超细晶粒高硅电工钢薄板及其制造方法．201510196003.1。（已受理）

（13）刘振宇，李成刚，曹光明，刘海涛，王国栋．一种薄带连铸过程多种冷却方式集成的冷却系统．CN 201010233459.8。

5. 项目完成人员

主要完成人员	职　称	单　位
王国栋	教授，中国工程院院士	东北大学 RAL 国家重点实验室
刘海涛	副教授	东北大学 RAL 国家重点实验室
刘振宇	教授	东北大学 RAL 国家重点实验室
许云波	教授	东北大学 RAL 国家重点实验室
邱以清	副教授	东北大学 RAL 国家重点实验室
曹光明	副教授	东北大学 RAL 国家重点实验室
李成刚	工程师	东北大学 RAL 国家重点实验室
宋红宇	博士生	东北大学 RAL 国家重点实验室
李昊泽	博士生	东北大学 RAL 国家重点实验室
孙　宇	硕士生	东北大学 RAL 国家重点实验室
马东旭	硕士生	东北大学 RAL 国家重点实验室
鲁辉虎	硕士生	东北大学 RAL 国家重点实验室
刘文强	硕士生	东北大学 RAL 国家重点实验室

6. 报告执笔人

刘海涛

7. 致谢

本研究工作得到了国家自然科学基金钢铁联合基金重点项目"基于双辊薄带连铸的高品质硅钢织构控制理论与工业化技术研究（50734001）"、青年项目"Fe-Cr、Fe-Si 系 BCC 钢薄带连铸成形组织性能控制机理（51004035）"、青年-面上连续资助项目"基于双辊薄带连铸制备低铁损、高磁感、薄规格硅钢板的组织性能控制机理（51374002）"、面上项目"近终形薄带钢连铸条件下基于氧化物冶金的组织超细化及强韧化控制机理（51574078）"的资助。国家高技术研究发展计划（"863"计划）项目"节能型电机用高硅电工钢开发（2012AA03A506）"和"十二五"国家科技支撑计划项目"高品质特殊钢新型短流程生产线技术开发与应用示范（2012BAE03B02）"为本研究成果的产业化应用和推广提供了支持。

本研究工作得到了中国钢研科技集团公司连铸技术国家工程研究中心仇圣桃教授级高工、武汉钢铁集团公司国家硅钢工程技术研究中心骆忠汉部长、张凤泉部长、陈圣林主任以及江苏沙钢集团有限公司刘俭总经理、李化龙主任、马建超主任的大力支持，在此一并致谢。

目　　录

摘　　要

　　电工钢是重要的软磁材料，生产工艺复杂，窗口狭窄，流程冗长，制造困难，成本高昂，被称为钢铁工业的"艺术品"。长期以来，我国硅钢生产核心技术与装备，受制于国外发达国家，长期处于引进、仿制、跟跑的地位。薄带连铸技术是一种以钢水为原料直接生产薄带材的绿色化新技术，具有短流程、低成本、低能耗、低排放等巨大优势。发达国家投入巨资，竞相研发。我国政府文件也多次列入重点支持方向。

　　东北大学轧制技术及连轧自动化国家重点实验室王国栋课题组与钢铁研究总院仇圣桃课题组合作，认真分析了目前国际上最先进硅钢生产技术的成分设计、组织与织构控制原理以及存在的工艺技术难题，并结合薄带连铸亚快速凝固、短流程的特征优势，于2008年提出并成功申报NSFC钢铁研究联合基金重点项目——"基于双辊薄带连铸的高品质硅钢织构控制理论与工业化技术研究"，旨在突破目前国际上硅钢传统制造流程的局限，彻底解决现有技术存在的工艺技术难题，为硅钢生产开辟一条有中国领跑的特色化、绿色化创新发展道路。经过几年的不懈努力，课题组形成了具有自主知识产权的电工钢新一代先进制造理论和系统工艺原型技术，填补了国际上在此领域的空白。

　　课题组首次发现在独特的亚快速凝固条件下硅钢带坯的初始凝固组织、织构可控，并提出了系统调控理论和方法，为实现凝固-热轧-冷轧-热处理一体化精确组织控制奠定基础；基于薄带连铸无取向硅钢独特的组织、织构遗传行为研究，提出其再结晶组织与织构的优化调控原理，原型钢产品磁性能指标显著优于目前国内外现有产品；基于传统流程取向硅钢的成分设计，建立了薄带连铸条件下组织、织构、抑制剂的调控理论，掌握了全流程系统的工艺技术，省去了高温加热、渗氮处理等繁复、苛刻工序，制备出普通取向硅钢和高磁感取向硅钢原型钢；提出了创新的取向硅钢成分设计和全铁素体基体调控抑制剂的取向硅钢制造新理论，建立了薄带连铸条件下高效、简易、准确的抑制剂调控方法，彻底摆脱了高温加热、渗氮处理、脱碳退火等繁复、苛刻工序，制备出普通取向硅钢原型钢，大幅降低生产难度；依据 6.5% Si 高硅钢的有序-无序转变行为研究，提出了高硅钢薄带连铸-温轧-冷轧的技术路线，改善了材料塑性，实验室制备出厚度 0.15mm、性能与国外 CVD 方法产品相当的宽幅高硅钢薄带，使工业化生产高硅钢薄带成为可能。

上述研究结果为利用薄带连铸技术工业化生产高性能硅钢奠定了理论基础，提供了技术指导。基于上述研究结果以及研究过程中开发的中试装备原型，课题组分别与沙钢、武钢合作，建设薄带连铸电工钢工业化示范生产线和高硅钢中试生产示范线。2014 年底完成了工业化生产线的工艺设计、车间设计、机电装备设计，力争在 2015 年利用我国自主产权技术，生产出外形尺寸合格、性能大幅优于现有硅钢的高性能产品，在工业规模上实现我国对世界硅钢生产技术发展的引领。

本报告对上述研究工作进行了详细论述，以飨读者。

关键词：双辊薄带连铸；取向硅钢；无取向硅钢；6.5% Si 高硅钢；组织；织构；抑制剂；磁性能；热轧；温轧；冷轧；退火

1 绪　　论

1.1　背景及意义

硅钢是电力、电子和军事工业领域不可缺少的重要软磁材料，主要分为取向硅钢（GO）和无取向硅钢（NO）两大类，广泛用于制造电动机、发电机、变压器铁芯以及各种电讯器材，按重量计占磁性材料用量的 90% 以上，是具有高附加值和战略意义的钢铁产品。因其生产工艺复杂、性能要求苛刻、制造难度大而被称为钢铁工业的"艺术品"。硅钢生产技术具有高度的保密性和垄断性，它是衡量一个国家特殊钢生产和科技发展水平的重要标志。遗憾的是，我国却长期没有硅钢制造技术话语权，核心工艺始终受制于人。

通过几十年的购买和消化国外专利技术，我国已经成为世界上最大的硅钢生产国。但在产品性能、生产成本、制造技术等方面还与国外存在很大差距，某些高性能产品至今还严重依赖进口。更严峻的形势是，国外发达国家现在对我国实施了严密的技术封锁，已经达到无条件拒绝转让硅钢制造新技术的程度。我国硅钢制造存在的主要问题在于：缺少自主创新，缺乏自主知识产权的硅钢制造核心技术、工艺装备及研发能力。由此造成的严重后果是：国外有的，我们逐步学习掌握；国外没有的，我们也没有；国外存在的问题，我们也照样存在；继续重复"落后—引进—落后—再引进"的老路。

因此，亟须大力开展具有自主知识产权的硅钢新一代制造理论及技术研发，打破发达国家的垄断，使我国彻底摆脱"引进、仿制、跟跑"的落后局面。大力加强高品质硅钢自主知识产权制造技术的研究和开发，对于促进我国钢铁工业的可持续发展和国家安全具有重大意义。

硅钢的传统生产流程冗长、工艺复杂、技术苛刻，是一种高投入、高技术、高消耗、高成本的钢铁产品。从 20 世纪初期发现取向硅钢以来，美国、日本等国的研究者对硅钢进行了大量的研究，生产工艺不断改进，性能水平不断提高。但是，基本以传统的厚板坯流程为主。近年，随着薄板坯连铸连轧技术的发展，又出现了薄板坯生产流程。薄板坯流程本质上与厚板坯流程差别不大。传统硅钢生产流程分为热轧和冷轧—热处理两个大的阶段。其中热轧阶段是对热轧后的晶粒尺寸、析出物尺寸、分布、数量以及织构分布和强度进行精细控制，为后续冷轧—热处理做组织、织构方面的准备。热轧过程对硅钢生产的质量、产量、效率和稳定性具有决定性的影响，产品的质量、成材率均与热轧带质量密切相关。在传统硅钢的厚板坯连铸—常规热轧过程中，使用厚度 230~250mm 的板坯，经过 9 个或 10 个机架组成的热连轧机，轧制成为 2.3mm 的热轧带，总压缩比高达 100 左右，不仅流程冗长，能耗高，而且影响参数很多，生产稳定性差，组织控制难度很大，成材率很低。对于硅钢生产这种组织控制非常精细的材料而言，复杂、冗长的常规流程甚至会带来一些致命性的、无法补救的组织和织构缺陷，极大地损害硅钢的性能。

硅钢传统生产流程的主要问题可以归结为：

（1）取向硅钢（GO）和无取向硅钢（NGO）织构类型不同，由于织构的遗传性，希望能有与之相匹配的不同的凝固组织。但是，厚板坯连铸条件下凝固组织类型单一、可控性差，无法实现凝固组织与最终组织之间的匹配对应关系。同时缺乏对析出物（抑制剂）有效的调控手段，导致 GO 硅钢在后续冷轧—热处理环节必须采用复杂的再固溶处理工艺或抑制剂补偿技术。

（2）GO 硅钢为了实现对抑制剂的有效控制（抑制剂粒子的大小、数量、分布），采用铸坯高温加热路线或低温加热路线。前者为固有抑制剂方法，将钢坯加热到近 1400℃，让抑制剂充分溶解，然后在后面热轧中控制析出。高温加热十分困难，炉内氧化、断坯、熔化、烧损十分严重，大幅度降低成材率；后者为后天抑制剂方法，低温加热，但是在后续热处理过程中要渗氮处理以形成抑制剂，技术难度大，工艺更为复杂。

（3）大压缩比、多道次热轧过程，使得 NGO 硅钢出现大量不利于降低铁损的有害析出物和不利于提高磁感的 γ 织构组分；而在 GO 硅钢中，大压缩比、多道次热轧过程会导致 AlN 等抑制剂在常化前提前析出、粗化，粗大化的抑制剂析出会影响初次再结晶晶粒的钉扎效果，再结晶过程难以控制，且容易形成大量难以发生二次再结晶的长条线状组织，最终恶化材料的磁性能。

（4）薄规格化是提高材料磁性能的重要发展方向，但是常规流程的热带规格和冷轧压下量已限制超低铁损薄规格电工钢开发，成为发展的瓶颈。冷轧压下量太大，NGO 硅钢会产生大量不利织构（如 α 和 γ 织构），而 GO 硅钢则导致抑制剂和有利高斯晶核分布密度及均匀性大大下降，达不到所要求的磁性能水平。

双辊薄带连铸是以液态金属为原料、以两个旋转的冷却辊为结晶器，用液态金属直接生产 1～5mm 厚薄带材的技术（见图 1-1）。它是将快速凝固与加工变形融为一体的近终形前沿成型工艺，是钢铁连铸领域最具潜力的一项新技术。它与传统的厚板坯连铸和薄板坯连铸相比，具有短流程、低成本、低能耗、低排放等巨大优势。发达国家投入巨资，竞相研发。我国政府文件也多次列入重点支持方向。曾有学者预言，薄带钢连铸技术将会成为钢铁工业继薄板坯连铸连轧技术后的又一场革命。直到 2002 年 5 月，美国 Nucor 钢铁公司第一条商业化薄带铸轧生产线（CASTRIP® LLC）开始供应第一卷低碳钢商品带材，薄带钢铸轧产业化的前景才逐渐明朗[1]。Nucor 的成功在世界范围内引发了薄带钢连铸技术的新一轮研究热潮。

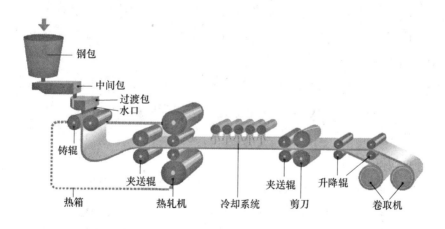

图 1-1　双辊薄带连铸工艺示意图

学者们在薄带钢连铸理论和实验研究方面开展了大量细致、系统的工作[2~11]。但是，在相当长的时间里，学者们仅将薄带钢连铸技术定位于一种具有短流程优势，能获得同传统热轧板尺寸、板形、性能相当的替代产品并能节能降耗、减少生产成本的生产技术，却忽略了其亚快速凝固特性和近终形成型过程在开发特殊钢种上的优势和潜力。这种观念严重制约了薄带钢连铸理论和技术的发展。而最近几年的实验室基础研究却表明，双辊连铸技术在生产难变形合金钢、耐大气腐蚀钢、高速钢、铁素体不锈钢、硅钢等特殊性能钢材上日益表现出某些常规生产工艺无法比拟的优势，并引发了许多新的冶金学现象[12~21]。利用双辊薄带连铸技术生产某些具有特殊性能的高新材料是一个极具潜力的发展方向。

东北大学轧制技术及连轧自动化国家重点实验室（RAL）一直把双辊薄带连铸技术作为一个前瞻性、储备性和战略性课题来研究。在2003年初至2007年末的5年时间里，实验室针对双辊薄带连铸过程中存在的关键冶金学基础问题进行了深入研究。重点研究如何发挥薄带连铸亚快速凝固特性和近终形成型过程特点，利用它来生产一些常规轧制过程无法生产或者不易生产的产品，赋予材料一些常规过程无法得到的特殊性能，从而为实现高性能钢铁材料的减量化生产提供重要支撑。在国家自然科学基金重大项目、"973"项目的支撑下，RAL研究了铁素体不锈钢、高P、Cu超高耐候钢、高氮不锈钢、TWIP钢、高速钢、镁合金等薄带连铸的凝固组织特点及材料性能。这些研究发现，与传统厚板坯热轧流程相比，除了流程紧凑、工序缩短、节省能源、降低投资等短流程优势外，薄带连铸在微观组织和织构控制上也具有独特优越性：

（1）双辊薄带连铸凝固组织和织构具有可控性（见图1-2）。在研究体心立方结构的金属材料（铁素体不锈钢和硅钢均为此种结构）时，发现控制凝固的工艺条件可以获得不同的结晶组织，凝固组织具有极强的控制柔性。利用这一特点，可以依据NGO和GO的最终织构要求，控制铸轧过程，得到与最终需要的织构相匹配的凝固组织和织构，从而提高材料的磁性能。

（2）双辊薄带连铸直接由钢水凝固制备带钢，采用固有抑制剂法无需高温加热，避免了常规流程高温加热的瓶颈问题。当然更不需要后期渗氮。

（3）薄带连铸为亚快速凝固过程，冷却速度高达10^3℃/s，通过铸后冷却过程与后续的常化过程配合，可以灵活地按照需要控制材料的晶粒尺寸和析出物尺寸，对于硅钢织构形成、提高材料的磁性能具有重要意义。

（4）取消了传统流程大压缩比热连轧过程，抑制了NGO硅钢有害的析出物和不利的γ织构的产生，避免了GO硅钢中AlN的过早析出粗化现象，可

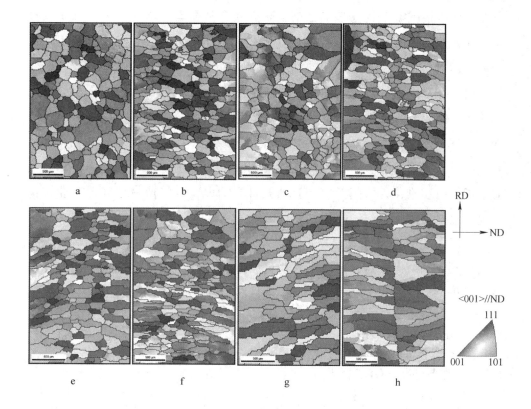

图 1-2 在不同过热度条件下获得的 Cr17 铁素体不锈钢

原型薄带坯纵截面的 EBSD 晶体取向图

a—20℃；b—50℃；c—55℃；d—60℃；e—69℃；f—78℃；g—95℃；h—140℃

以在单道次热轧甚至无热轧条件下生成位向准确和数量足够的高斯晶核。

（5）薄带连铸提供了获得薄规格铸坯的可能性。通过减薄铸带厚度和优化组织织构控制，可以提高 NGO 硅钢中有利织构比例，保证成品 GO 硅钢中抑制剂及高斯晶核数量、密度和均匀性，有望开发（超）薄规格电工钢，极大地降低铁损，进一步提高磁性能。

通过上述分析，我们认识到，采用薄带连铸生产硅钢这种高投入、高技术、高难度、高消耗、高成本的钢铁产品，是一个极具潜力的发展方向。东北大学 RAL 王国栋课题组与钢铁研究总院仇圣桃课题组合作，认真分析了目前国际上最先进硅钢生产技术的成分设计、组织与织构控制原理及存在的工艺技术难题，并结合薄带连铸亚快速凝固、短流程的特征优势，于 2008 年提出并成功申报国家自然科学基金钢铁研究联合基金重点项目——"基于双辊薄带连铸的高品质硅钢织构控制理论与工业化技术研究"（No. 50734001），目标是建立基于双辊薄带连铸的创新硅钢制造理论并形成系统工艺技术，突破目前国际上采用的传统流程的限制，彻底解决其存在的问题，开发易控制、高效率、低成本、低消耗的绿色化短流程生产技术，提供高性能、绿色化的硅钢产品，为硅钢生产开辟一条由中国领跑的特色化、绿色化创新发展道路，为我国在硅钢制造领域跻身国际前沿做出贡献。另外，也有助于丰富和发展薄带钢连铸理论，为我国形成具有独立自主知识产权的薄带钢连铸产业化技术提供重要支撑。

今后的几年时间里，RAL 薄带连铸硅钢课题组抓住国际上刚刚起步、尚未系统研究的历史机遇，对基于双辊薄带连铸的高品质硅钢制造理论与工艺技术进行了系统的研究和开发。本报告特对此进行详细论述，以飨读者。

1.2 国内外研究现状

1.2.1 薄带连铸 NGO 硅钢

重庆大学的杨春媚、宝山钢铁集团的甘青松等在 20 世纪末、21 世纪初进行过双辊连铸硅钢实验室试验[22~27]。他们系统研究了不同含硅量无取向硅钢的浇注工艺，并对 2~3mm 厚薄带坯的组织、沉淀相及成品板的磁性能进行了初步研究。在他们的研究中，薄带坯的初始组织为粗大的全等轴晶组织或柱状晶、等轴晶混合组织（如图 1-3 所示）。

A. R. Büchner 和 J. W. Schmitz[28]研究了 Fe-6% Si 的薄带坯组织与连铸工艺的关系，发现薄带坯的凝固组织包括从两个表面开始形成的柱状晶和中心层的等轴晶，并借助模拟计算得到了由柱状晶转变为等轴晶的表层至中心层临界温度梯度条件（<650K/mm）。该临界值取决于铸辊与工件之间的热交换系数，降低热交换系数可将"柱状晶-等轴晶-柱状晶"的层状结构转变为更均匀的等轴晶结构。

J. Y. Park 等[29~31]发现过热度对 Fe-4. 5% Si 薄带坯的织构具有很大影响。过热度为 20℃时，薄带坯亚表层形成 Goss 剪切织构，中间层形成 γ 和 α 平面应变织构以及弱 {100} 凝固织构；过热度为 30℃时，则通体形成 {100} 织

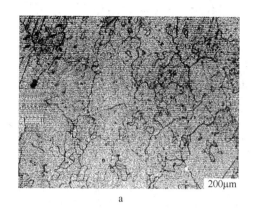
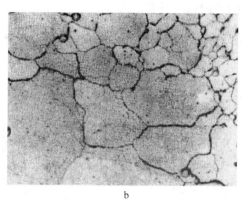

200μm

a

b

图 1-3 双辊薄带连铸硅钢的初始凝固组织

a—1.45% Si；b—3.0% Si

构。作者认为，这种织构差异是由两个过热度下薄带坯表层到中心层的温度梯度以及凝固终点到连铸机出口之间的轧制效应不同造成的。

N. Zapuskalov[32] 研究了 Fe-4.5% Si 的组织、性能、平直度与薄带冷却与卷取过程参数的关系，指出使用卷取过程可以在铸带中诱发松弛，减少组织、性能和残余应力的不均匀程度。薄带坯的典型初始组织如图 1-4a 所示。

H. Fiedler 等[33] 利用薄带连铸得到了"柱状晶—等轴晶—柱状晶"层状组织（图 1-4b），指出等轴晶层的厚度依赖于局部的热交换条件。在凝固后的冷却过程中，可以观察到枝晶均匀化和再结晶等二次反应。

无取向硅钢主要是在各种电机中被冲制成环形铁芯使用，要求具有较低

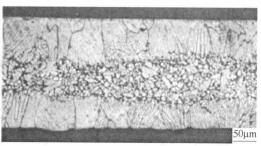

100μm

50μm

a

b

图 1-4 双辊薄带连铸硅钢的初始凝固组织

a—4.5% Si；b—5.2% Si

的环向铁芯损耗和较高的环向磁感应强度。｛100｝面织构控制技术是改善其磁性能的关键。但是，利用常规流程生产无取向硅钢时，在退火过程中易于优先形成有害的｛111｝再结晶织构，严重阻碍了｛100｝面织构的发展。而利用双辊连铸技术的亚快速凝固特性则有望获得发达的初始｛100｝铸造组织，这对后续轧制和退火过程中｛100｝织构的发展非常有利。但是，国内外对薄带坯初始组织、织构的研究结果存在分歧，没有揭示其演变规律及控制机理，更没有找到关键的工艺控制窗口。因此，无法开展全流程的组织、织构及磁性能的优化控制研究，不利于挖掘双辊薄带连铸在制备无取向硅钢上的独特优势和潜力。

1.2.2 薄带连铸 GO 硅钢

取向硅钢薄板是一种含硅约3%的软磁材料，主要用于制造变压器铁芯。取向硅钢制造流程设计和工艺参数调控的核心目标是：在高温退火时通过二次再结晶过程形成全 Goss（｛110｝〈001〉）织构。这需要三个前提条件[34]：（1）具有合适数量和尺寸的弥散分布的抑制剂；（2）初次再结晶组织中具有足够强度的 Goss 取向晶粒作为二次再结晶晶核；（3）具有可促进 Goss 取向晶粒异常长大的环境如细小的初次再结晶晶粒等。取向硅钢生产中通常采用的抑制剂获得方式是：对铸坯进行长时间高温（1350～1400℃）加热使其在之前凝固过程中析出的粗大 MnS 和 AlN 固溶，再在热精轧或常化退火过程中弥散析出。但是，高温加热会导致铸坯烧损大、成材率低、炉子寿命短、产品表面缺陷多等。而双辊薄带连铸是典型的亚快速凝固过程，借助其较快的冷却速率，有望使抑制剂形成元素处于固溶状态进而进行简单的热轧以及常化处理即可获得数量和尺寸合适、弥散分布的抑制剂。另外，取向硅钢发达的二次再结晶 Goss 织构发源于热轧板亚表层的 Goss 织构[35]。但是，由于采用薄带连铸＋"一道次"热轧代替传统的厚板坯连铸＋高温加热＋粗轧＋热连轧工艺，热轧板亚表层难以形成较强的 Goss 织构。

韩国的 Park 等[30]发现在钢水过热度较低、熔池内的凝固终止点较高的条件下制备的双辊连铸薄带坯表层晶粒被压扁并伴随着明显的 Goss 织构。日本 NSC 公司的小菅健司等[36]在实验室条件下制备出双辊连铸薄带坯，依次经过常化、冷轧和热处理后成功制备出取向硅钢薄板。其关键技术是提升凝固终止点的高度，以确保钢水在两结晶辊间及时凝固，并在薄带坯离开结晶辊前实现大于80%的铸轧减薄。意大利Terni公司的Fortunati等[37]发现在实验室条件下用双辊连铸法制备取向硅钢时，增大薄带坯的初始厚度以实现大约50%的热轧压下有助于改善最终成品板的磁感应强度。

日本新日铁在采用双辊薄带连铸技术制备取向硅钢[38]时，以AlN + MnS为抑制剂，将钢液直接快淬制成1~4mm厚的薄铸坯，然后控制1300~900℃之间的冷却速度（二次冷却速度）大于10℃/s，产生再结晶晶粒并形成混乱位向的铸态组织，且获得细小的MnS和AlN析出质点。铸坯在高温常化后经一次冷轧或二次冷轧法都可使二次再结晶完善和磁感强度B_{10}提高。0.3mm厚成品板的B_{10}可达1.92T。如果经强水冷却，只能采用二次冷轧法，但B_{10}降低至1.88T。意大利特尔尼公司[37]和美国Armco公司[39]也分别利用双辊薄带连铸法成功制备出磁性能优良的取向硅钢薄板。但是，我国在薄带连铸取向硅钢研究方面基本上处于空白状态。仅上海钢铁研究所的孟笑影等[40]在20世纪80年代末进行过取向硅钢双辊连铸试验，初步对连铸工艺、冷轧及热处理工艺进行了摸索，研究尚不深入。

由于薄带连铸过程冷却速度极高，是典型的（亚）快速凝固过程，可以形成细小均匀的结晶组织，溶质均匀分布，并在"一道次"热轧前抑制第二相在连铸过程中析出，从而省略高温加热工艺。而在薄带坯"一道次"热轧过程中，变形温度、变形速度、变形程度和轧制前后的温度条件等具有较大的控制空间，可以更有效地优化抑制剂析出过程。快速凝固获得的均质组织和薄带坯轧制条件的良好可控性，可以使取向硅钢中的MnS和AlN等抑制剂析出相细小且分布均匀。双辊薄带连铸工艺与传统工艺流程相比，由于采用铸轧 + "一道次"热轧代替传统的板坯连铸 + 高温加热 + 粗轧热精轧工艺，在凝固、热轧以及热履历等方面具有明显的差异。因此，两种流程生产取向硅钢时组织与织构的控制尤其在高斯织构的起源与发展方面也存在明显的差异[35]。

可见，双辊薄带连铸生产取向硅钢具有其独特的优势，合理控制双辊薄带连铸过程中的过热度、铸轧、二次冷却和"一道次"热轧工艺，从而获得具有合适数量细小、弥散分布的抑制剂和一定数量位向准确的高斯晶粒的混乱织构的薄带坯，以及与此相匹配的后续冷轧及热处理工艺，是获得具有良好磁性能取向硅钢的关键[35]。

综上所述，利用薄带连铸技术制备硅钢的研究才刚起步，尚存在巨大的研究空白。只有对其物理冶金学原理及工艺流程技术开展系统而深入的研究工作，才能建立完备的基于薄带连铸技术的新一代硅钢制造理论及系统工艺技术体系，为实现具有我国自主知识产权的薄带连铸硅钢产业化提供强有力的理论和技术支撑。

1.3 亟需解决的关键问题

（1）双辊薄带连铸亚快速凝固条件下硅钢（包括 GO 硅钢、NGO 硅钢、6.5% Si 钢）带坯初始凝固组织与织构的形成、演变原理及调控方法；

（2）双辊薄带连铸全流程条件下 NGO 硅钢组织、织构演变特征，遗传行为及组织性能优化调控理论；

（3）双辊薄带连铸全流程条件下 GO 硅钢的抑制剂设计及其演变行为与调控原理，Goss 织构的演变行为及调控理论；

（4）双辊薄带连铸全流程条件下 6.5% Si 钢的组织演变、有序-无序转变行为及调控方法，以及晶体塑性的系统控制原理；

（5）双辊薄带连铸条件下相应钢种的制造工艺路线及全流程系统技术。

1.4 研究报告的主要内容[41~59]

针对上述问题，课题组在实验室条件下开展了双辊薄带连铸高品质硅钢制造理论与工艺技术的系统研究，主要内容如下：

（1）以 3.2% Si + 0.7% Al 无取向硅钢（NGO）为研究对象，揭示了薄带坯初始组织、织构的形成演变规律及调控原理和方法；

（2）以 3.2% Si + 0.7% Al NGO 钢为研究对象，阐明了薄带坯的初始组织、织构类型对后续组织、织构演变及磁性能的遗传影响规律及机理；

（3）以 3.2% Si + 0.7% Al NGO 钢为研究对象，系统研究了工艺技术路线及关键工艺对组织、织构演变以及磁性能的影响，并提出了组织性能的优化调控原理及方法，制备出高磁感 NGO 原型钢；

（4）以 6.5% Si NGO 高硅钢为研究对象，对组织、织构演变行为、有序-无序转变行为进行了深入研究，提出了晶体塑性和组织性能的优化控制原理和方法，运用薄带连铸—温轧—冷轧的技术路线，改善了材料塑性，制备出厚度 0.15mm、磁性能与国外 CVD 方法产品相当的宽幅薄带；

（5）对薄带连铸条件下普通取向硅钢（CGO）的组织、织构及抑制剂演变行为进行了深入研究，并提出了系统的调控原理和方法，制备出磁性能优异的 CGO 原型钢薄带；

（6）对薄带连铸条件下高磁感取向硅钢（Hi-B）的组织、织构及抑制剂演变行为进行了系统研究，并提出了相应的调控原理和方法，制备出磁性能优于现有常规产品的 Hi-B 原型钢薄带；

（7）开展了基于全流程全铁素体的成分设计制备取向硅钢的探索研究，分别对一阶段冷轧流程和两阶段流程的组织、织构及抑制剂演变行为进行了系统研究，并提出了改善初次再结晶组织均匀性的方法，制备出 CGO 原型钢薄带。

2 NGO 钢薄带坯初始组织、织构 演变原理及调控方法

无取向硅钢的目标织构类型为 {001}⟨uvw⟩ 织构，因为它各向同性且难磁化方向 ⟨111⟩ 不在轧制平面内。但是，在常规生产流程中并不能得到这种单一的面织构，人们只能通过优化生产工艺，在尽量强化 {001}⟨uvw⟩ 织构的同时尽量弱化 {111}⟨uvw⟩ 织构以获得较好的磁性能。

双辊薄带连铸技术是以液态金属为原料，以旋转的冷却辊为结晶器，用液态金属直接获得薄带材。这种亚快速凝固特性不同于常规的厚板坯连铸以及薄板坯连铸技术，铸坯初始组织-织构的形成与演变规律势必存在很大不同。因此，弄清薄带连铸亚快速凝固条件下铸带组织-织构的形成与演变规律是制备无取向硅钢的前提条件和首要任务。

本节在实验室大量实验工作的基础上，阐述了 3.2% Si + 0.7% Al 无取向硅钢铸带组织-织构的形成演变规律及调控方法。

2.1 实验方法与过程

双辊薄带连铸实验在东北大学轧制技术及连轧自动化国家重点实验室（NEU-RAL）的薄带连铸机上进行。在 50kg 中频真空感应炉内熔炼 3.2% Si + 0.7% Al 无取向硅钢钢水（化学成分如表 2-1 所示）。钢水被调整到设定温度后，浇入中间包，随后流经浇口在两结晶辊间形成熔池。最后，熔池内的钢水通过两结晶辊间的辊缝凝固并被导出，形成厚度约为 2mm、宽度为 110~255mm 的铸带。熔池内钢水的过热度分别大约控制在 20℃、50℃、80℃、110℃。

从铸带上截取试样，经磨平、抛光、腐蚀后用 Leica DMIRM 光学显微镜观察金相组织。并对试样进行电解抛光，电解液成分为 50mL $HClO_4$ + 750mL C_2H_5OH + 140mL H_2O，电解电压为 20V，电流为 0.5~2.0A。使用安装在

FEI Quanta 600 扫描电子显微镜上的 OIM 4000 电子背散射衍射（EBSD）系统对其进行微织构分析。衍射花样自动采集软件为 TSL OIM DATA COLLECTION 4.6，数据分析软件为 TSL OIM ANALYSIS 4.6。采用面积法计算成品退火板的再结晶晶粒尺寸。使用 Philip PW3040/60 型 XRD 对试样表层（$S = 1.0$）、1/4 厚度层（$S = 0.5$）、1/2 厚度层（$S = 0$）进行宏观织构检测，采用 CoKα 辐射，通过测量样品的 {110}、{200}、{112} 三个不完整极图计算取向分布函数（ODF），$L_{max} = 22$。所测试样需在 10% HCl 溶液中进行腐蚀以去掉试样表面的变形层。

表 2-1　铸带的化学成分（质量分数,%）

C	Si	Mn	Al	S	P	N	Ti, V, Nb	Cu, Cr, Ni, Sn
<0.004	~3.20	~0.20	~0.70	<0.003	<0.01	<0.004	<0.003	<0.005

2.2　结果与分析

2.2.1　铸带的组织演变规律

图 2-1 ~ 图 2-4 示出了在不同过热度连铸条件下铸带初始组织的演变情况。可以看出，在铸带的中部，随着过热度的升高，铸带组织逐渐从细小的

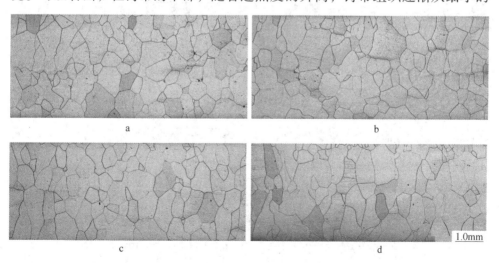

图 2-1　在过热度为约 20℃ 连铸条件下制备的铸带的显微组织

a—边部，横截面；b—边部，纵截面；c—中部，横截面；d—中部，纵截面

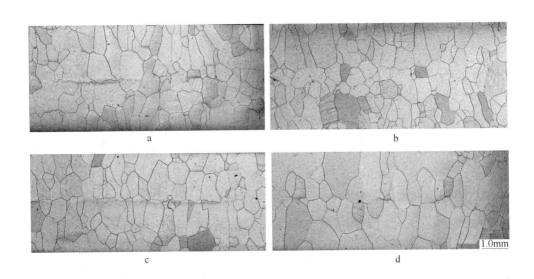

图 2-2　在过热度为约 50℃连铸条件下制备的铸带的显微组织

a—边部，横截面；b—边部，纵截面；c—中部，横截面；d—中部，纵截面

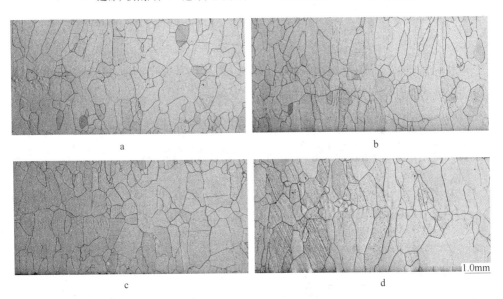

图 2-3　在过热度为约 80℃连铸条件下制备的铸带的显微组织

a—边部，横截面；b—边部，纵截面；c—中部，横截面；d—中部，纵截面

等轴晶结构演变成粗大的柱状晶结构。当过热度为约 20℃时，铸带为全等轴晶组织；当过热度为约 50℃时，铸带为等轴晶、柱状晶混合组织；当过热度

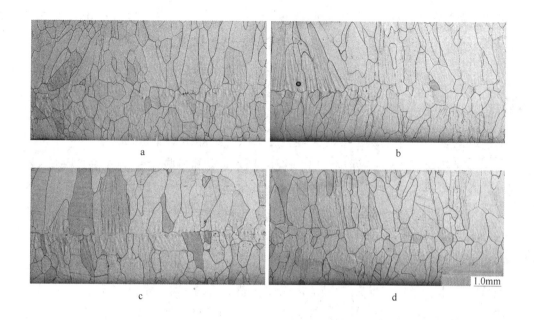

图 2-4　在过热度为约 110℃连铸条件下制备的铸带的显微组织

a—边部，横截面；b—边部，纵截面；c—中部，横截面；d—中部，纵截面

为约 80℃时，铸带几乎全为柱状晶组织，仅存在极少量的细小等轴晶；当过热度为约 110℃时，铸带为发达的柱状晶组织。铸带的边部由于发生边部增厚现象而承受相对较大的铸轧力，其组织演变情况与铸带中部存在较大差异。即使这样，仍然可以发现，随着过热度的升高，组织逐渐从细小的等轴晶转变成粗大的柱状晶组织。特别是当过热度为约 110℃时，铸带的边部也形成了发达的全柱状晶组织。因此，可以得出这样的结论：过热度是影响铸带初始组织的决定性因素。

　　另外，在实验中发现，较大的铸轧力将导致铸带产生严重的横裂纹。双辊薄带连铸只有在微/小铸轧力条件下进行才具有可操作性。由此可见，双辊薄带连铸（铸轧）归根结底还是一个连铸问题。因此，薄带连铸条件下铸带初始组织的形成与演变仍可由经典铸造、凝固理论进行解释。钢水的过热度对钢液／铸辊表面间的热传导行为影响很大，热传导行为进而影响到晶体的形核与长大。

　　当过热度较低时（如约 20℃），一方面，较低的过热度使钢液／铸辊表面间的热传导系数相对较大而凝固过程中向铸辊所需传导的热量相对较少，铸辊辊面附近的钢液内存在较大的过冷区，钢液快速发生不均匀形核。这些晶核可以借助铸辊旋转所引起的钢液的对流运动再次进入未凝固的钢液中作为新的凝固核心，即"剧烈冲击"形核理论。另一方面，钢液极高的凝固速率极大限制了晶核的选择生长倾向，不利于柱状晶的形成。较低过热度条件下形成的全等轴晶组织与常规铸坯表层的激冷细晶组织非常相似。

当过热度较高时（如约 50℃），熔池内钢液的过热度相对较高，铸轧带由柱状晶和等轴晶组成。表层柱状晶和中部等轴晶的形成可用以下理论解释：在这个区域，钢液在铸辊表面凝固成薄壳的早期阶段，过热度相对较高，固相前沿的温度梯度较大，为晶粒的选择生长提供了有利条件。温度梯度决定了热传输的方向为铸辊表面的内法线方向，所以，晶粒平行于铸辊表面的外法线方向生长形成柱状晶。但是，在柱状晶生长的后期，钢液的过热度降低，固相前沿的温度梯度较小，柱状晶择优生长的条件丧失，为等轴晶的形核提供了条件。另外，钢液在熔池内的回流有助于打碎和熔化柱状晶末梢以作为新的凝固晶核。所以，在这种条件下，柱状晶总是从铸轧带上、下表面向铸轧带中部生长，而等轴晶则夹在上、下两层柱状晶的中间，并且，等轴晶区域的宽度随着熔池内钢液过热度的升高而减小。

当过热度很高时（如约 80℃、约 110℃），熔池内钢液的过热度很高，铸轧带几乎完全由柱状晶组成。这种全柱状晶组织的形成可用以下理论解释：由于熔池内钢液的过热度很高，一方面，钢液／铸辊表面间的热传导系数很小而凝固过程中所需向铸辊传导的热量较多，这为柱状晶的生长提供了时间。另一方面，钢液凝固过程中，固相前沿的温度梯度远比在等轴晶和柱状晶混合区时大，因此，柱状晶的择优生长得以彻底进行。

从图 2-4 还可以发现，柱状晶的轴向总是与铸带表面的法线方向呈一定角度。这主要归因于如下原因：在铸辊旋转的条件下，熔池内的钢水与铸辊之间存在一定的相对运动，导致温度场的分布不完全等同于定向凝固时的温度场，热量的传输并不是严格沿着铸辊辊面的内法线方向，因此，柱状晶的生长发生了偏离。

图 2-5 示出了过热度对铸带平均晶粒尺寸的影响规律。由图 2-5 知，随着过热度的升高，由于粗大柱状晶的形成，平均晶粒尺寸逐渐增大。但是，当

过热度过高时，柱状晶变得尤为狭长，晶粒尺寸略为减小。由于铸带粗大的初始凝固组织可能有利于获得较大的成品晶粒尺寸，降低铁芯损耗，所以，连铸时应适当提高过热度。

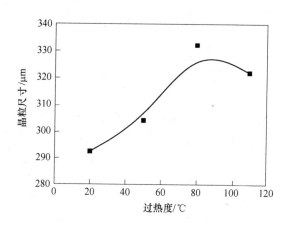

图 2-5　不同过热度连铸条件下铸带的平均晶粒尺寸

2.2.2　铸带的宏、微织构演变规律

图 2-6～图 2-9 示出了在不同过热度连铸条件下铸带宏观织构的演变情况。从图 2-6～图 2-9 中可以看出，随着过热度的升高，逐渐由微弱、随机织构演变成发达的 $\langle 001 \rangle //$ND 织构。当过热度为约 20℃时，与这种细小、均质的全等轴晶组织相对应，铸轧带的表层和中心层均显示出微弱、随机的织构特征。这种微弱、随机的织构与定向凝固中的铸锭激冷层的织构非常相似。

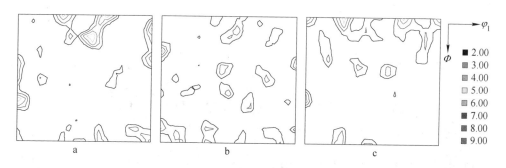

图 2-6　在过热度为约 20℃连铸条件下制备的铸带的宏观织构（$\varphi_2 = 45°$）

a—$s = 1$；b—$s = 0.5$；c—$s = 0$

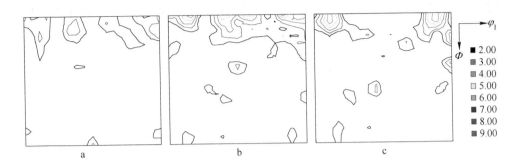

图 2-7 在过热度为约 50℃ 连铸条件下制备的铸带的宏观织构 （$\varphi_2 = 45°$）

a—$s=1$；b—$s=0.5$；c—$s=0$

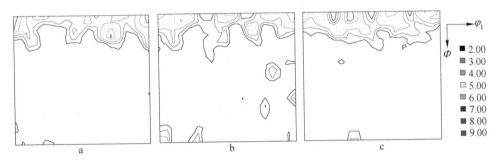

图 2-8 在过热度为约 80℃ 连铸条件下制备的铸带的宏观织构 （$\varphi_2 = 45°$）

a—$s=1$；b—$s=0.5$；c—$s=0$

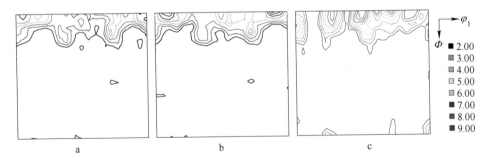

图 2-9 在过热度为约 110℃ 连铸条件下制备的铸带的宏观织构 （$\varphi_2 = 45°$）

a—$s=1$；b—$s=0.5$；c—$s=0$

当过热度为约 50℃ 时，形成了较弱的 〈001〉∥ND 织构。当过热度为约 80℃ 时，伴随着发达柱状晶组织的形成呈现出强烈的 〈001〉∥ND 织构。特别是当过热度为约 110℃ 时，呈现出更为发达的 〈001〉∥ND 织构。但是，〈001〉∥

ND 的主要组分偏离法向 0 ~ 15°。通常在钢液不流动的条件下（如模铸工艺），柱状晶择优生长的 〈001〉 方向与热传输方向几乎平行，并表现出强烈的 〈001〉 织构。但是，在钢液流动的条件下，柱状晶择优生长的 〈001〉 方向与热传输方向并不完全平行，而是偏离一定角度，形成的〈001〉//ND 织构也偏离标准的〈001〉//ND 织构一定角度。在双辊铸轧实验中，这种偏转归因于钢液与转辊表面之间存在相对运动。

图 2-10 示出了不同过热度连铸条件下铸带主要织构组分的平均体积分数的变化情况。由图 2-10 知，随着过热度的升高，{001}〈0vw〉纤维织构的两个主要组分{001}〈110〉和{001}〈100〉显著增强。另外，{110}〈001〉，{111}〈110〉和{111}〈112〉组分明显减弱。无取向硅钢的目标织构类型为 {001}〈0vw〉织构，而{111}〈uvw〉织构导致磁性能恶化。因此，从织构控制的角度看，进行双辊薄带连铸时过热度应该控制在 80℃ 以上。

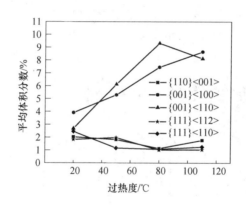

图 2-10　不同过热度连铸条件下铸带主要织构组分的平均体积分数

图 2-11 ~ 图 2-14 示出了不同过热度连铸条件下铸带的 EBSD 晶体取向成像图。从图中可以看出，过热度对晶粒的取向分布状态影响很大。如图 2-11 所示，当过热度为约20℃时，具有等轴晶结构的铸带呈现出随机的晶粒取向分布状态，不同取向的晶粒均匀、弥散分布。当过热度为约50℃时，如图 2-12 所示，红色的〈001〉//ND 取向的柱状晶晶粒明显增多。随着过热度的继续升高，如图 2-13 所示，铸带呈现出以〈001〉//ND 取向的柱状晶为主的特征，而〈101〉//ND 取向的晶粒和〈111〉//ND 取向的晶粒显著减少。特别是当过热度为约110℃时，铸带几乎全由〈001〉//ND 取向的柱状晶组成。可见，

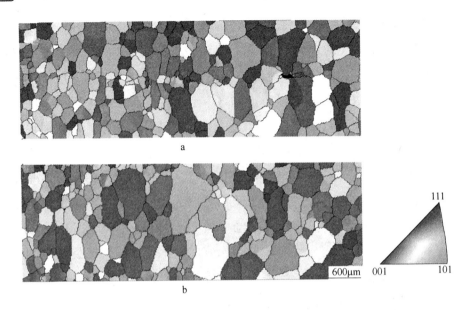

图 2-11 在过热度为约 20℃ 连铸条件下制备的铸带的
EBSD 取向成像图（〈001〉∥ND 反极图）

a—横截面；b—纵截面

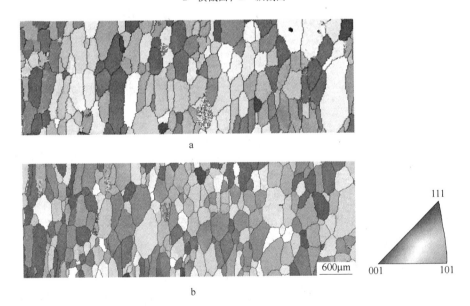

图 2-12 在过热度为约 50℃ 连铸条件下制备的铸带的
EBSD 取向成像图（〈001〉∥ND 反极图）

a—横截面；b—纵截面

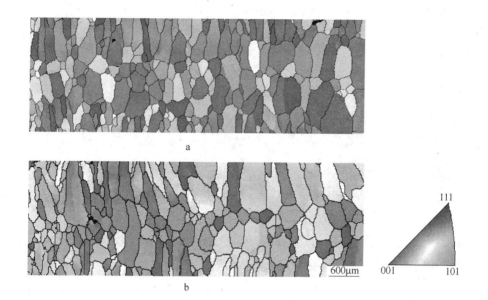

a

b

图 2-13 在过热度为约 80℃ 连铸条件下制备的铸带的
EBSD 取向成像图（〈001〉∥ND 反极图）

a—横截面；b—纵截面

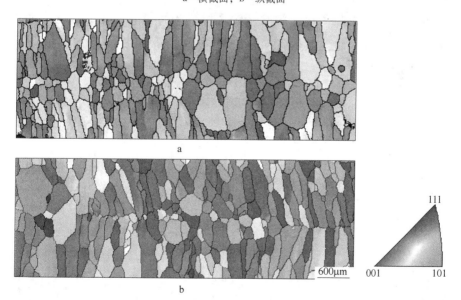

a

b

图 2-14 在过热度为约 110℃ 连铸条件下制备的铸带的
EBSD 取向成像图（〈001〉∥ND 反极图）

a—横截面；b—纵截面

提高过热度有利于⟨001⟩∥ND 取向的柱状晶的形成。

2.3 本章小结

本节重点研究了熔池内钢水的过热度对铸带初始组织-织构的影响规律及机理，发现薄带连铸亚快速凝固条件下铸带坯的初始组织、织构可控，提出了调控方法并成功制备出具有不同典型组织、织构特征的铸带坯，主要结论如下：

（1）发现在双辊薄带连铸条件下铸带的初始组织-织构具有可控性，为丰富无取向硅钢的组织-织构控制理论提供了新视角；

（2）找到了控制铸带初始组织-织构的关键工艺路线即调整过热度，获得了具有不同典型初始组织-织构的原型铸带；

（3）提高过热度有助于获得具有发达⟨001⟩∥ND 织构的柱状晶铸带，从组织-织构控制的角度看，连铸时应适当提高过热度；

（4）这项研究进展的重要性在于：不仅打破了人们对薄带连铸亚快速凝固的传统认识，而且满足了无取向硅钢、取向硅钢、6.5% Si 钢对初始凝固组织和织构类型的个性化需求，为制备较之传统产品更高性能的硅钢产品提供了前提条件。同样，也为其他各向异性织构材料的研发提供了新思路。

3 NGO 钢薄带坯初始组织、织构的遗传演变与影响

如第 2 章所述，双辊薄带连铸技术在控制无取向硅钢铸带初始组织-织构方面具有独特优势。这为完善无取向硅钢的组织-织构控制理论，优化生产工艺流程，改善产品性能带来了新的视角。但是，铸带坯初始组织与织构的遗传演变规律及对磁性能的后续影响还不清楚。

本章以具有不同初始组织的 3.2% Si + 0.7% Al 无取向硅钢铸带为研究对象，旨在确立初始组织-织构-性能之间的对应关系，阐明初始组织对后续组织-织构演变及磁性能的影响机理。

3.1 实验方法与过程

分别从全等轴晶铸带与全柱状晶铸带上截取带坯（化学成分见表 2-1）。然后，两块带坯均分别冷轧至 0.65mm、0.50mm、0.35mm 不同厚度。最后将冷轧板放入 HZ10-32 型保护气氛热处理炉（氮气-氢气）进行再结晶退火。

从冷轧、退火板上分别截取试样，经磨平、抛光、腐蚀后用 Leica DMIRM 光学显微镜观察金相组织。并分别截取试样，经磨平、去应力腐蚀后用 Bruker D8 Discover X 射线衍射仪分别进行中心层宏观织构检测，测量时使用 Co 靶。通过测量样品的 {110}、{200}、{112} 三个不完整极图，并以级数展开法计算取向分布函数（ODF）。磁感应强度采用单片试样测量法进行测试，从退火板上分别沿横向、轧向切取 100mm × 30mm 的长条试样，在磁场强度为 5000A/m 条件下测量磁感应强度 B_{50}。

3.2 结果与分析

3.2.1 组织演变比较

图 3-1 示出了等轴晶铸带不同厚度冷轧板与退火板纵截面的显微组织。

由图3-1知，冷轧组织均由细窄、拉长的铁素体晶粒组成。主要存在两种铁素体晶粒：内部亚结构较少的"光滑"晶粒（颜色较浅）与内部剪切带较多的"粗糙"晶粒（颜色较深）。经再结晶退火后，变形组织由尺寸不均的再结晶晶粒取代。

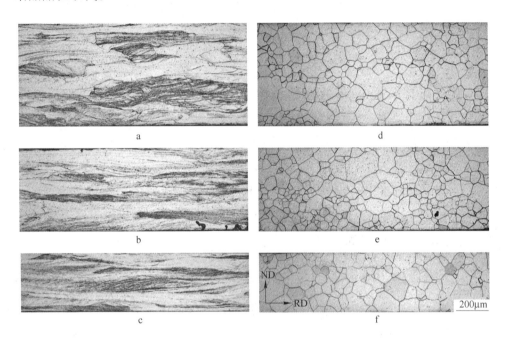

图 3-1　等轴晶铸带的冷轧（左）与退火（右）组织

冷轧：a—0.65mm；b—0.50mm；c—0.35mm

退火：d—0.65mm；e—0.50mm；f—0.35mm

图 3-2 示出了柱状晶铸带不同厚度冷轧板与退火板纵截面的显微组织。由图3-2知，冷轧组织均由粗大、拉长的铁素体晶粒组成，也主要存在内部亚结构较少的"光滑"晶粒和内部剪切带较多的"粗糙"晶粒，"光滑"晶粒较多。但是，经再结晶退火后，变形组织由尺寸严重不均的再结晶晶粒和回复组织取代。

可见，等轴晶铸带与柱状晶铸带在后续组织演变方面主要存在两点不同：（1）与前者的冷轧组织相比，后者的冷轧组织较粗大、不均；（2）与前者的再结晶组织相比，后者的再结晶晶粒大小严重不均，并且，仍然存在明显的回复组织。这表明，与等轴晶铸带较细小的初始组织相比，柱状晶铸带粗大的柱状晶组织易于形成不均匀的变形组织和退火组织，并且，难以形成完全再结晶组织。

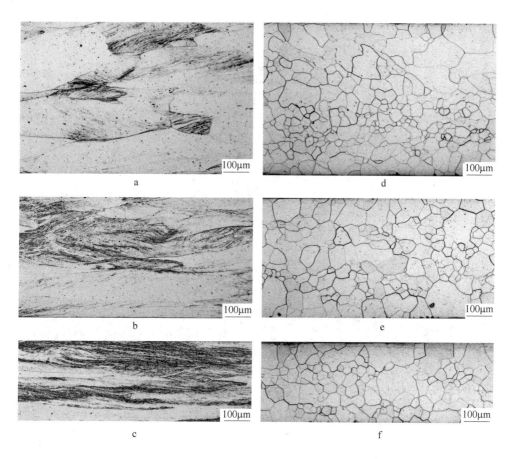

图 3-2 柱状晶铸带的冷轧（左）与退火（右）组织

冷轧：a—0.65mm；b—0.50mm；c—0.35mm

退火：d—0.65mm；e—0.50mm；f—0.35mm

3.2.2 织构演变比较

图 3-3、图 3-4 分别示出了等轴晶铸带与柱状晶铸带各厚度层的 [100] 极图。可知，等轴晶铸带以较弱的织构为特征，仅在表层（$s=1$）存在明显的 {001}⟨160⟩ 组分，在中心层（$s=0$）存在明显的 {001}⟨0vw⟩纤维织构。而柱状晶铸带各层均以发达的 {001}⟨0vw⟩纤维织构为

特征，其中，中间层（$s = 0.5$）主要组分为 $\{001\}\langle110\rangle$，中心层（$s = 0$）主要组分为 $\{001\}\langle140\rangle$。

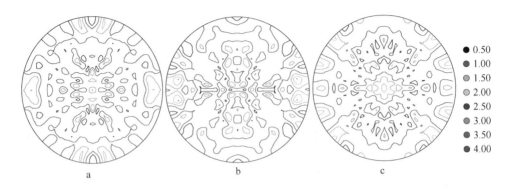

图 3-3　等轴晶铸带的 [100] 极图

a—$s = 1$；b—$s = 0.5$；c—$s = 0$

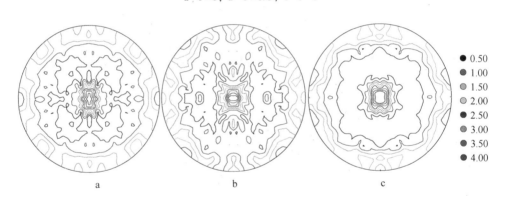

图 3-4　柱状晶铸带的 [100] 极图

a—$s = 1$；b—$s = 0.5$；c—$s = 0$

图 3-5 示出了等轴晶铸带与柱状晶铸带不同厚度冷轧板的中心层织构。共同点是：（1）冷轧织构均以强烈的 α 纤维织构和相对较弱的 γ 纤维织构为特征；（2）随着压下量的增大，强点沿 α 纤维逐渐下移，γ 纤维织构逐渐增强。不同点是：与等轴晶铸带相比，柱状晶铸带的冷轧 $\{001\}\langle110\rangle \sim \{115\}\langle110\rangle$ 织构较强，γ 纤维织构较弱。显然，冷轧过程中，柱状晶初始的 $\{001\}\langle uvw\rangle$ 织构难以演变成 γ 纤维织构，更易于形成 $\{001\}\langle110\rangle \sim \{115\}\langle110\rangle$ 织构。

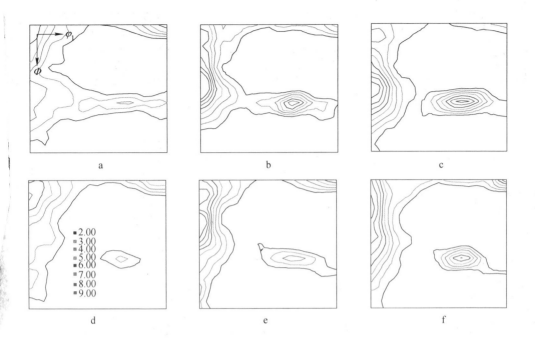

图 3-5　等轴晶（上）和柱状晶（下）铸带的冷轧织构（$\varphi_2 = 45°$）

等轴晶：a—0.65mm；b—0.50mm；c—0.35mm

柱状晶：d—0.65mm；e—0.50mm；f—0.35mm

图 3-6 示出了等轴晶铸带与柱状晶铸带不同厚度冷轧退火板的中心层织构。共同点是：（1）两种成品板均呈现出了较之传统产品更微弱的 γ-fiber 织构；（2）再结晶织构均以明显的 $\{001\}\langle uvw\rangle$ 纤维织构和不均匀的 γ 纤维织构为特征；（3）随着压下量的增大，γ 纤维再结晶织构逐渐增强。不同点是：（1）与等轴晶铸带相比，柱状晶铸带的冷轧退火板形成了较强的 $\{001\}\langle uvw\rangle$ 再结晶纤维织构；（2）等轴晶铸带的 $\{001\}\langle uvw\rangle$ 再结晶纤维织构的强点在旋转立方织构 $\{001\}\langle110\rangle$ 附近，而柱状晶铸带的 $\{001\}\langle uvw\rangle$ 再结晶纤维织构的强点随着压下量的增大逐渐从旋转立方织构 $\{001\}\langle110\rangle$ 向立方织构 $\{001\}\langle100\rangle$ 迁移。这两点都有利于磁性能的改善。

3.2.3　磁性能比较

图 3-7 示出了具有不同初始组织的铸带经冷轧、退火后成品板的磁感应

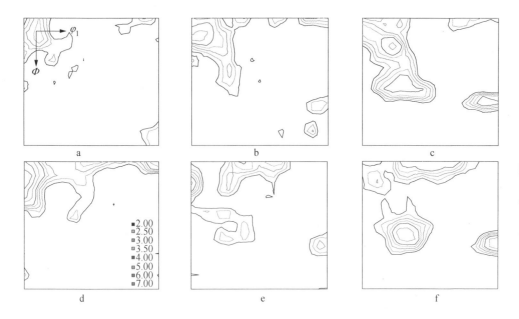

图 3-6 全等轴晶（上）和全柱状晶（下）无取向硅钢铸带的最终成品退火织构（$\varphi_2 = 45°$）

等轴晶：a—0.65mm；b—0.50mm；c—0.35mm

柱状晶：d—0.65mm；e—0.50mm；f—0.35mm

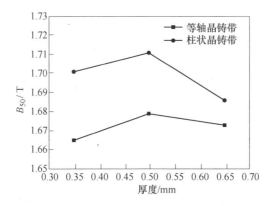

图 3-7 全等轴晶铸带与全柱状晶铸带的最终成品板磁感应强度比较

强度对比情况。由图可以看出，较之等轴晶铸带，柱状晶铸带最终的 0.65mm、0.50mm、0.35mm 厚度的成品板磁感应强度分别高出 0.013T、0.032T、0.036T。较好的磁性能源于柱状晶铸带的成品板形成了较弱的有害 γ 纤维织构和较强的有利 λ 纤维织构。另外，λ 纤维织构中较强的立方织构 {001}⟨100⟩组分的出现也是磁感应强度改善的一个主要原因。特别的是，等轴晶铸带的成品板的磁感应强度与传统产品相当，而柱状晶铸带的成品板的磁感应强度高于常规产品 $0.02 \sim 0.04T$。

3.2.4 再结晶织构形成演变机制

为了探究柱状晶铸带最终成品板再结晶织构的形成机理，针对 0.5mm 厚的部分再结晶板、完全再结晶板借助 EBSD 技术进行了微织构分析，如图 3-8

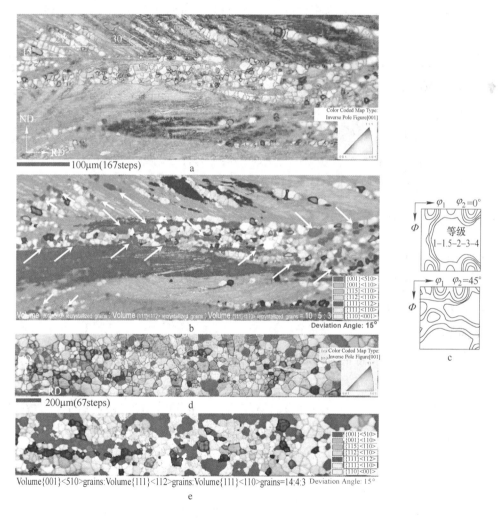

图 3-8 部分再结晶、完全再结晶试样的 EBSD 微织构分析

部分再结晶试样：a—所有晶粒的取向成像图；b—特定取向晶粒的成像图；

c—前期再结晶晶粒 ODF 的 $\varphi_2 = 0°$ 与 $\varphi_2 = 45°$ 截面图；

完全再结晶试样：d—所有晶粒的取向成像图；e—特定取向晶粒的成像图

所示。退火初期，再结晶晶粒优先在变形晶粒的晶界附近和变形晶粒内部的剪切带上形成（图 3-8a、b）。可以发现，在这些再结晶晶粒中，$\{001\}\langle uvw\rangle$ 取向的 λ 晶粒在数量上占有明显优势。前期再结晶晶粒的织构（图 3-8c）与最终成品板的再结晶织构（图 3-6e）具有高度的相似性，这表明成品板再结晶织构的发展源于择优形核与长大机制。λ 晶粒主要形成于 $\{001\}\langle 110\rangle$ ~ $\{115\}\langle 110\rangle$ 变形晶粒的晶界附近。$\{001\}\langle 110\rangle$ ~ $\{115\}\langle 110\rangle$ 变形晶粒与相邻的其他取向的变形晶粒相比具有较低的变形储能。并且，$\{001\}\langle 110\rangle$ ~ $\{115\}\langle 110\rangle$ 变形晶粒与相邻的其他取向的变形晶粒之间存在较大的取向差。因此，λ 晶粒易于借助 $\{001\}\langle 110\rangle$ ~ $\{115\}\langle 110\rangle$ 变形晶粒的形变诱导晶界迁移（SIBM）机制形核和长大。并且，由于冷轧组织中存在大量的 $\{001\}$ $\langle 110\rangle$ ~ $\{115\}\langle 110\rangle$ 变形晶粒（图 3-5e），较之对磁性能有害的 γ 晶粒，λ 晶粒具有明显的体积优势。随着再结晶的进行，借助 SIBM 机制，较之其他取向的再结晶晶粒，λ 晶粒逐渐在尺寸和体积上占据了优势（图 3-8d、e）。因此，最终形成了强烈的 λ-fiber 织构，使磁性能得到明显改善。

3.3 本章小结

本章重点研究了铸带初始组织对后续组织-织构演变以及磁性能的影响机理，主要结论如下：

（1）与等轴晶铸带相比，柱状晶铸带的冷轧、再结晶组织的均匀化程度降低；

（2）在等轴晶铸带与柱状晶铸带的最终成品板中，与传统产品相比，两者的有害 γ 纤维织构均显著弱化；

（3）与等轴晶铸带的最终成品板相比，柱状晶铸带的最终成品板形成了更强的有利 $\{001\}\langle uvw\rangle$ 纤维织构，并且，主要组分向有利的 $\{001\}\langle 100\rangle$ 迁移；

（4）从磁性能的角度看，等轴晶铸带与传统产品相当，而柱状晶铸带高于传统产品 0.02 ~ 0.04T；

（5）这项研究进展的现实意义在于：从磁感应强度的角度看，无取向硅钢铸带坯初始组织和织构的控制目标是尽可能地获得具有 $\langle 001\rangle /\!/ ND$ 织构的柱状晶凝固组织。

4 NGO 钢组织性能的 优化调控原理及方法

第 3 章的研究结果初步表明，利用双辊薄带连铸技术制备的无取向硅钢产品的磁感应强度可明显优于传统产品。但是，双辊薄带连铸之后的轧制与退火工艺还存在巨大的优化空间，磁性能还可得到进一步改善。所以，继续深入研究轧制及退火工艺对组织-织构演变的影响机理，开发与双辊薄带连铸相配套的后续生产工艺，确立工艺-组织-性能三者的对应关系，对于完善无取向硅钢组织-织构控制理论，实现薄带连铸无取向硅钢产业化都具有非常重要的意义。

本章以 3.2% Si + 0.7% Al 无取向硅钢铸带为研究对象，系统研究热轧、冷轧、退火工艺对组织-织构演变以及磁性能的影响规律，探索薄带连铸条件下无取向硅钢后续组织-织构控制的工艺路线。

4.1 实验方法与过程

以约 2.0mm 厚的柱状晶铸带为研究对象（化学成分见表 2-1），后续轧制与退火工艺路线如下（最终成品板厚度均为 0.35mm）：

（1）铸带→冷轧→退火；

（2）铸带→小变形量热轧→冷轧→退火；

（3）铸带→大变形量热轧→冷轧→退火；

（4）铸带→一次冷轧→中间退火→二次冷轧→退火；

（5）铸带→小变形量热轧→一次冷轧→中间退火→二次冷轧→退火；

（6）铸带→大变形量热轧→一次冷轧→中间退火→二次冷轧→退火。

从热轧、冷轧、退火板上分别截取试样，经磨平、抛光、腐蚀后用 Leica DMIRM 光学显微镜观察金相组织。并分别截取试样，经磨平、去应力腐蚀后用 Bruker D8 Discover X 射线衍射仪分别进行中心层宏观织构检测，测量时使用 Co 靶。通过测量样品的 $\{110\}$、$\{200\}$、$\{112\}$ 三个不完整极图，并以级数展开法计算取向分布函数（ODF）。磁感应强度采用单片试样测量法进行测试，从退火板上分别沿横向、轧向切取 $100mm \times 30mm$ 的长条试样，在磁场强度为 $5000A/m$ 条件下测量磁感应强度 B_{50}，在频率为 $50Hz$、磁感应强度值为 $1.5T$ 条件下测量铁损 $P_{1.5/50}$。

4.2 结果与分析

4.2.1 组织演变比较

图 4-1 示出了工艺路线（1）中的组织变化情况。由图 4-1 知，冷轧组织由不均匀的拉长的变形铁素体晶粒组成。主要包括两种变形晶粒：（1）颜色较浅、内部亚结构较少的"光滑"晶粒；（2）颜色较深、内部亚结构较复杂的"粗糙"晶粒。经退火后，形成了晶粒尺寸严重不均的再结晶组织。这种不均匀的退火组织遗传于之前不均匀的变形组织，而不均匀的变形组织源于铸带初始粗大、具有不同取向的凝固组织。

a

b

图 4-1 工艺路线（1）中的组织变化情况

a—冷轧；b—退火

　　图4-2示出了工艺路线（2）中的组织变化情况。由图4-2知，经小变形量的热轧后，发生了一定程度的回复。但是，组织中仍保留着显著的柱状晶特征，只是其向轧向倾斜的程度较之铸态时更大。冷轧组织也由不均匀的拉长的变形铁素体晶粒组成。并且，也主要存在"光滑"晶粒和"粗糙"晶粒两种变形晶粒。但是，由于热轧的缘故，冷轧变形量降低，"粗糙"晶粒内部的亚结构减少，演变为密集的晶内剪切带。再经退火后，形成了粗大而较均匀的再结晶组织。

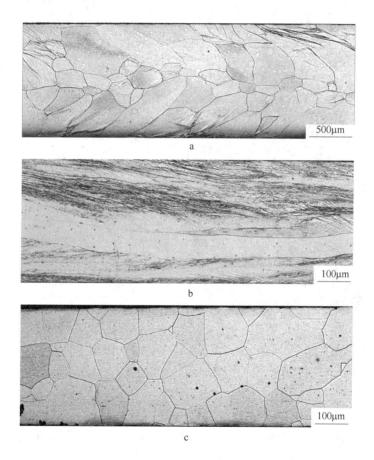

图4-2　工艺路线（2）中的组织变化情况

a—热轧；b—冷轧；c—退火

　　图4-3示出了工艺路线（3）中的组织变化情况。由图4-3知，经较大变形量的热轧后，发生了明显的回复，柱状晶特征已基本不存在。经

冷轧后，形成了不均匀的变形组织。"粗糙"晶粒内部的亚结构显著减少，稀疏的晶内剪切带清晰可见。经退火后，同样形成了粗大的较均匀的再结晶组织。

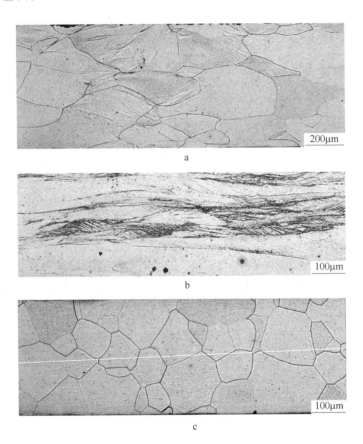

图4-3 工艺路线（3）中的组织变化情况
a—热轧；b—冷轧；c—退火

图4-4示出了工艺路线（4）中的组织变化情况。由图4-4知，经一次冷轧后，变形组织中仅出现了少量的晶内剪切带。中间退火后，形成了尺寸严重不均的回复与再结晶混合组织。经二次冷轧后，形成了"光滑"变形晶粒与"粗糙"变形晶粒分散分布的变形组织。剪切带数量多并且分布分散。经最终退火后，演变成了均匀的再结晶组织，晶粒尺寸较之工艺路线（2）、（3）中的再结晶晶粒小。

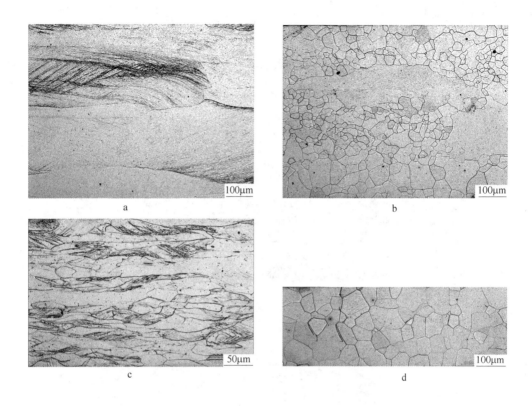

图 4-4 工艺路线（4）中的组织变化情况

a——一次冷轧；b—中间退火；c—二次冷轧；d—退火

图 4-5 示出了工艺路线（5）中的组织变化情况。由图 4-5 知，经小变形量的热轧后，组织与工艺路线（2）中的热轧组织相同。经一次冷轧后，组织中出现了较多的、稀疏的晶内剪切带。中间退火后，形成了尺寸较不均匀的再结晶组织。经二次冷轧后，变形组织中同样形成了少量的晶内剪切带。再结晶退火后，形成了较均匀的、较大的再结晶晶粒。

图 4-6 示出了工艺路线（6）中的组织变化情况。由图 4-6 知，其组织变化情况与工艺路线（5）相似，只是最终形成的再结晶组织较之更加细小、不均。

综合以上 6 种工艺路线，可以发现，从改善成品板的组织均匀性与增大晶粒尺寸的角度看，热轧 + 单次冷轧 + 退火是最好的工艺路线，一次冷轧 + 中间退火 + 二次冷轧 + 成退火是较好的工艺路线，热轧 + 一次冷轧 + 中间退

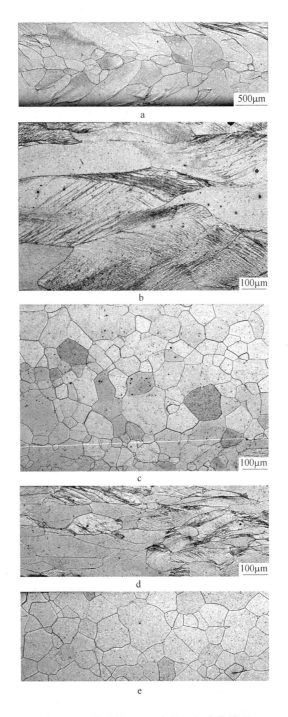

图 4-5 工艺路线（5）中的组织变化情况

a—热轧；b——次冷轧；c—中间退火；d—二次冷轧；e—退火

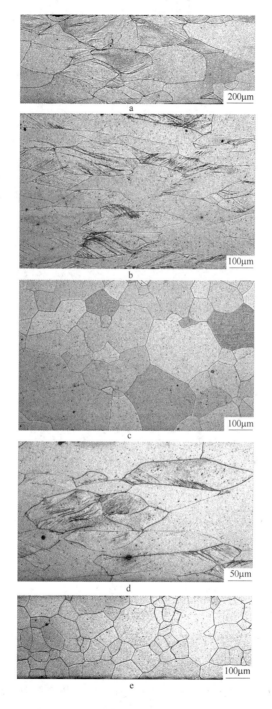

图4-6 工艺路线（6）中的组织变化情况

a—热轧；b——一次冷轧；c—中间退火；d—二次冷轧；e—退火

火＋二次冷轧＋退火是不宜采取的工艺路线，直接冷轧＋退火是最不宜采取的工艺路线。

4.2.2 织构演变比较

图 4-7 示出了工艺路线（1）中的织构变化情况。由图 4-7 知，铸带经直接冷轧后形成了强烈的 α 纤维织构以及较弱的、不均匀的 γ 纤维织构。γ 纤维织构主要以 $\{111\}\langle110\rangle$ 组分为主。经再结晶退火后，形成了较强的以 $\{111\}\langle112\rangle$ 为主的不均匀的 γ 纤维织构以及以 $\{001\}\langle100\rangle$ 立方织构为主的 $\{001\}\langle uvw\rangle$ λ 纤维织构。这表明，即使铸带中存在显著的 $\{001\}\langle uvw\rangle$ λ 纤维织构，经大压下量冷轧和退火后也仍然会形成不利的 γ 纤维织构。这种 γ 纤维再结晶织构源于冷轧组织中的内部亚结构较复杂的"粗糙"变形晶粒。

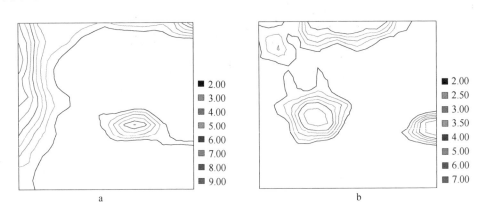

图 4-7 工艺路线（1）中的织构（$\varphi_2 = 45°$）变化情况

a—冷轧；b—退火

图 4-8 示出了工艺路线（2）中的织构变化情况。由图 4-8 知，铸带经小变形量热轧后仍以较强的偏转的 $\{001\}\langle uvw\rangle$ λ 纤维织构为特征。经冷轧后，形成了强烈的 α 纤维织构以及 λ 纤维织构，而 γ 纤维织构非常微弱。经退火后，形成了以较强的 λ 纤维织构为主要特征的再结晶织构，其主要组分为 $\{001\}\langle100\rangle$ 和 $\{001\}\langle210\rangle$。由于 $\{111\}\langle112\rangle$ 向 $\{112\}\langle241\rangle$ 发生偏转，所以，γ 纤维织构几乎消失。

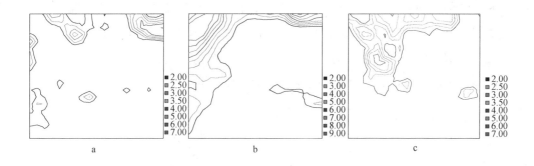

图 4-8　工艺路线（2）中的织构（$\varphi_2 = 45°$）变化情况

a—热轧；b—冷轧；c—退火

图 4-9 示出了工艺路线（3）中的织构变化情况。由图 4-9 知，铸带经大变形量热轧后仍以较强的偏转的 $\{001\}\langle uvw\rangle\lambda$ 纤维织构为特征。经冷轧后，形成了强烈的 α 纤维织构和较弱的 γ 纤维织构。经退火后，形成了以较强的 $\{001\}\langle 100\rangle$ 织构和 $\{110\}\langle 001\rangle$ 高斯织构为主要特征的再结晶织构。由于 $\{111\}\langle 112\rangle$ 向 $\{557\}\langle 483\rangle$ 发生偏转，所以，γ 纤维织构几乎消失。

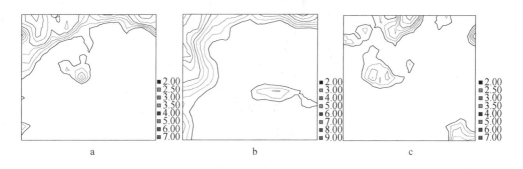

图 4-9　工艺路线（3）中的织构（$\varphi_2 = 45°$）变化情况

a—热轧；b—冷轧；c—退火

这两条工艺路线表明，在变形组织中形成一定数量的剪切带有利于弱化不利的 γ 纤维再结晶织构，也有助于高斯织构的形成。

图 4-10 示出了工艺路线（4）中的织构变化情况。由图 4-10 知，经一次冷轧后，以较温和的 α 纤维织构和微弱的 γ 纤维织构为特征。经中间退火后，

形成了较弱的 $\{001\}\langle uvw\rangle\lambda$ 纤维织构和 $\{110\}\langle 001\rangle$ 高斯织构。经二次冷轧后，形成了以 $\{111\}\langle 112\rangle$ 为主要组分的不均匀的 γ 纤维织构。最终退火后，形成了以均匀的 γ 纤维织构为特征的再结晶织构，还出现了微弱的 $\{110\}\langle 001\rangle$ 高斯织构。但是，$\{001\}\langle uvw\rangle$ 纤维极为微弱。

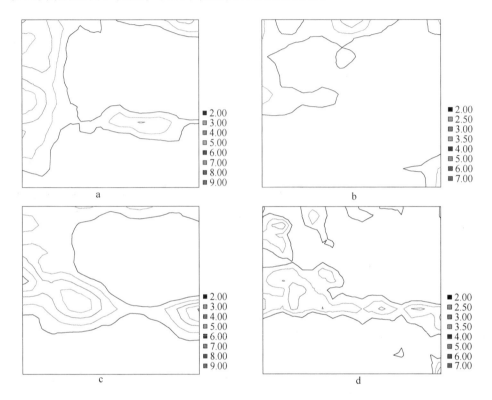

图 4-10 工艺路线（4）中的织构（$\varphi_2 = 45°$）变化情况

a——一次冷轧；b—中间退火；c——二次冷轧；d—退火

这表明二次冷轧工艺不利于弱化有害的 γ 纤维织构，反而弱化了 $\{001\}\langle uvw\rangle\lambda$ 纤维织构。

图 4-11 示出了工艺路线（5）中的织构变化情况。由图可知，铸带经小变形量热轧后仍以较强的偏转的 $\{001\}\langle uvw\rangle\lambda$ 纤维织构为特征。经一次冷轧后，形成了较强的 λ 纤维织构。经中间退火后，形成了较弱的 λ 纤维织构和明显的 $\{110\}\langle 001\rangle$ 高斯织构。经二次冷轧后，以较强的不均匀的 γ 纤维织构和较弱的 λ 纤维织构为特征。最终退火后，形成了较强的 $\{110\}\langle 001\rangle$ 高斯织构和较弱的 λ 纤维织构，γ 纤维织构基本消失。

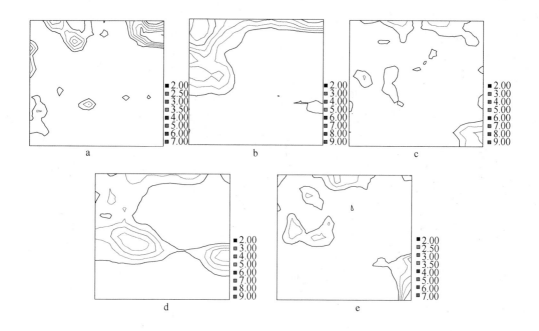

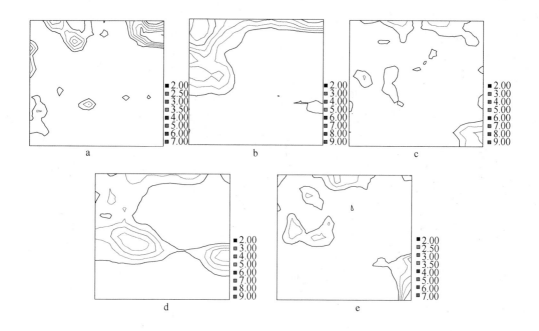

图 4-11 工艺路线（5）中的织构变化情况

a—热轧；b— 一次冷轧；c—中间退火；d—二次冷轧；e—退火

图 4-12 示出了工艺路线（6）中的织构变化情况。可以看出，其织构演化行为与工艺路线（5）非常相近。可见热轧＋两次冷轧的工艺路线也易于弱化有害的 γ 纤维织构，同时，易于形成有利的高斯织构，唯一的不足是难以获得较强的有利的 $\{001\}\langle uvw\rangle\lambda$ 纤维织构。

综上所述，可以看出，从织构控制的角度看，热轧＋单次冷轧＋退火是最好的工艺路线，直接冷轧＋退火是较好的工艺路线，热轧＋两次冷轧是一般的工艺路线，两次冷轧是最不宜采取的工艺路线。

4.2.3 磁性能比较

图 4-13 示出了不同工艺路线对磁感应强度的影响情况。可以看出，热轧＋单次冷轧＋退火条件下成品板的磁感应强度最高，特别是热轧变形量较小的情况下；直接冷轧＋退火条件下成品板的磁感应强度次高；热轧＋两次冷轧条件下成品板的磁感应强度较低，特别是热轧变形量较小的情况下；两次冷轧条件下最低。这种变化趋势与上述成品板再结晶织构的变化趋势相吻

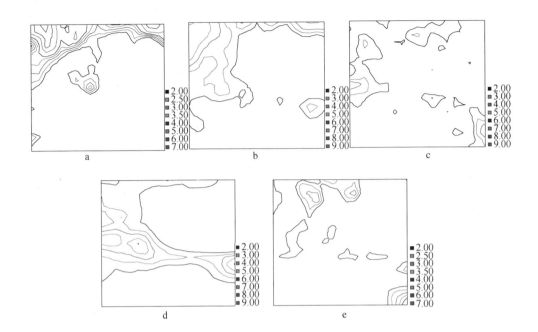

图 4-12 工艺路线（6）中的织构变化情况

a—热轧；b——次冷轧；c—中间退火；d—二次冷轧；e—退火

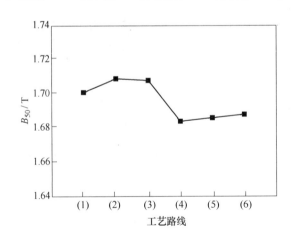

图 4-13 工艺路线对成品板磁感应强度的影响

合。图 4-14 示出了不同工艺路线条件下主要再结晶织构体积分数的变化情况。可以看出，改善磁性能的关键首先是增强$\{001\}\langle uvw \rangle \lambda$ 纤维织构，其次是减弱$\{111\}\langle uvw \rangle \gamma$ 纤维织构，然后是增强$\{110\}\langle 001 \rangle$高斯织构。

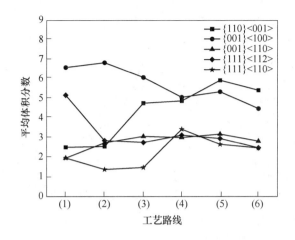

图 4-14 工艺路线对成品板主要织构组分强度的影响

图 4-15 示出了不同工艺路线对铁损的影响情况。可以看出，直接冷轧 + 退火条件下成品板的铁损最高；两次冷轧条件下次高；热轧 + 两次冷轧条件下成品板的铁损较低，特别是热轧变形量较大的情况下；热轧 + 单次冷轧 + 退火条件下成品板的铁损最低，特别是热轧变形量较大的情况下。图 4-16 示出了不同工艺路线对成品板平均晶粒尺寸的影响。通过对比可以发现，这种变化趋势与上述成品板的平均再结晶晶粒尺寸的变化趋势基本吻合。

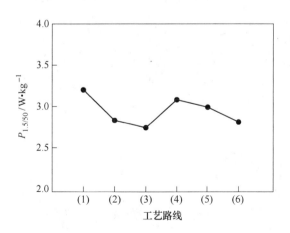

图 4-15 工艺路线对成品板铁损的影响

综上所述，目前即使在实验室小炉炼钢条件下，经过工艺优化与组织-织

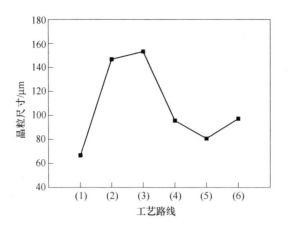

图 4-16 工艺路线对成品板的平均晶粒尺寸的影响

构控制后，铁损 $P_{1.5/50}$ 已降到 2.74 W/kg，磁感 B_{50} 已达到 1.71 T。可见，磁性能已达到宝钢高牌号无取向硅钢 B35A360（$P_{1.5/50} = 2.8$ W/kg，$B_{50} = 1.68$ T）水平，磁感较之 B35A360 高 0.03 T。

4.2.4 再结晶织构优化调控原理

通过调整热轧和冷轧制度可以实现对晶内剪切带形态、数量和分布的有效控制（图 4-17a2），甚至代替稠密的形变带（图 4-17a1）。由于晶内剪切带

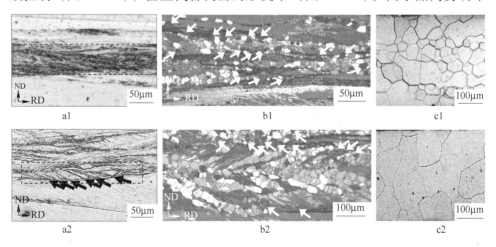

图 4-17 不同工艺条件下的冷轧组织（a）、再结晶行为 EBSD 观察（b）及退火组织（c）
a1，b1，c1—未进行亚结构调控设计；a2，b2，c2—亚结构调控设计

是$\{001\}\langle 0vw\rangle$、$\{110\}\langle 001\rangle$再结晶晶粒形核的有利据点（图 4-17b2），而稠密的形变带则是$\{111\}\langle 0vw\rangle$再结晶晶粒形核的据点（图 4-17b1），所以，通过对晶内剪切带和形变带这些亚结构的合理调控，在无需采取传统流程中那样的附加工序的条件下，轻而易举地实现了再结晶织构的调控目标，获得了近乎完美的织构组态：$\{001\}\langle 0vw\rangle$、$\{110\}\langle 001\rangle$组分在再结晶织构中全面占优，$\{111\}\langle 0vw\rangle$再结晶织构偏转后基本消失（图 4-18b）。显然，这样优越的织构特征在传统流程条件下是无法办到的（图 4-18c）。由此使薄带连铸产品的磁感应强度B_{50}较之传统产品提高 0.04T 以上。另外，随着稠密的形变带被分布适中的晶内剪切带所代替，薄带连铸条件下再结晶组织不均匀（图 4-17c1）的难题也迎刃而解，不但获得了均匀的组织，而且使晶粒尺寸达到了无取向硅钢所要求的最理想水平即 150μm（图 4-17c2），向降低铁损指标迈出了一大步。

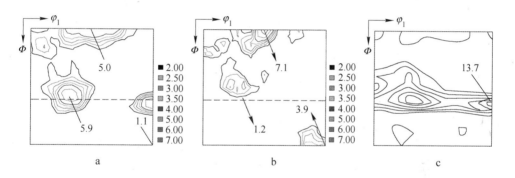

图 4-18　再结晶织构（$\varphi_2 = 45°$）比较

a—薄带连铸条件下未进行亚结构调控设计；b—进行亚结构调控设计；c—传统生产流程

4.3　本章小结

本章探索性地系统研究了轧制及退火工艺路线对无取向硅钢组织-织构演变以及磁性能的影响规律，探明了无取向硅钢再结晶组织及织构的优化调控原理并提出了控制方法，主要结论如下：

（1）薄带连铸条件下无取向硅钢在组织性能控制方面存在巨大的优化空间，目前经过工艺优化与织构控制，在实验室条件下的铁损已达到宝钢高牌号无取向硅钢 B35A360 水平，磁感较之高 0.03T；

（2）在对铸带进行冷轧之前引入热轧，有利于改善成品板组织的均匀性，增大晶粒尺寸，增强有利织构并弱化有害织构，从而显著改善磁性能；

（3）从组织-织构-磁性能的优化角度看，热轧＋单次冷轧＋退火是最好的工艺路线，不宜采用复杂的两次冷轧工艺路线以及热轧＋两次冷轧工艺路线，可以充分体现出短流程、效率高的特点和优势；

（4）这项研究进展的现实意义在于：采用最简单的工艺措施，通过对亚结构的合理设计实现了无取向硅钢对再结晶组织和织构梦寐以求的调控目标，从而提供了一种生产高效无取向硅钢的短流程、低成本制造新技术，同时也提供了一种制造（超）低铁损（超）薄规格无取向硅钢的新技术，摆脱了传统生产流程的局限性。

5 6.5%Si NGO 高硅钢薄带的制备及磁性能控制

6.5%Si 电工钢拥有其他软磁材料不可比拟的综合性能：兼具极低的铁损（特别是高频铁损）、高磁导率以及低噪声三大优势。6.5%Si 电工钢是制作高速高频电机、低噪声音频和高频变压器及变换器等装置的理想铁芯材料。因此，6.5%Si 电工钢薄带的研发成为世界各国材料研究工作者关注的焦点。但是，6.5%Si 电工钢薄带表现出严重的室温脆性，塑性极差，难以利用常规的厚板坯连铸、热轧、冷轧的方法制备，使其发展受到了严重制约。6.5%Si 电工钢成为电工钢领域最难啃的一块骨头。利用双辊薄带连铸的亚快速凝固优势获得细晶组织并匹配合适的温轧工艺为制备大规格 Fe-6.5%Si 合金薄带提供了可能。

本章以 6.5%Si NGO 高硅钢为研究对象，对其组织、织构演变行为、有序-无序转变行为进行了深入研究，探讨了晶体塑性和组织性能的优化控制原理和方法。提出了运用薄带连铸-温轧-冷轧制备 6.5%Si NGO 高硅钢薄带的技术路线，改善了材料塑性。并成功制备出厚度 0.15mm、磁性能与国外 CVD 方法产品相当的宽幅薄带。

5.1 实验方法与过程

5.1.1 0.50mm 成品薄板的制备

双辊薄带连铸实验仍在东北大学轧制技术及连轧自动化国家重点实验室（NEU-RAL）的薄带连铸机上进行，以 Fe-6.5Si 铸带（化学成分见表5-1，表观形貌见图5-1）为初始材料，后续处理工艺如下：（1）铸带→温轧→退火；（2）铸带→热轧→温轧→退火。

表 5-1　Fe-6.5%Si 铸带的化学成分（质量分数,%）

C	Si	Mn	Al	S	P	N	Ti, V, Nb	Cu, Cr, Ni, Sn
<0.004	~6.50	~0.20	~0.30	<0.003	<0.01	<0.004	<0.003	<0.005

图 5-1　高硅钢铸带的表观形貌

5.1.2　0.35mm 成品薄板的制备

以 Fe-6.5Si 铸带（化学成分见表 5-1）为初始材料，后续处理工艺如下：铸带→温轧→退火。

5.1.3　0.15mm、0.20mm 成品薄板的制备

以 Fe-6.5Si 铸带（化学成分见表 5-1）为初始材料，后续处理工艺如下：铸带→热轧→温轧→冷轧→退火。

从热轧、温轧、冷轧、退火板上分别截取试样，经磨平、抛光、腐蚀后用 Leica DMIRM 光学显微镜观察金相组织。并分别截取试样，经磨平、去应力腐蚀后用 Bruker D8 Discover X 射线衍射仪分别进行表层（$s=1.0$）、1/4 厚度层（$s=0.5$）、1/2 厚度层（$s=0$）宏观织构检测，测量时使用 Co 靶。通过测量样品的 {110}、{200}、{112} 三个不完整极图，并以级数展开法计算取向分布函数（ODF）。磁感应强度采用单片试样测量法进行测试，从退火板上分别沿横向、轧向切取 100mm × 30mm 的长条试样，在磁场强度分别为 800A/m、5000A/m 条件下测量磁感应强度 B_8、B_{50}，在频率为 50Hz、磁感应强度值为 1.5T 条件下测量铁损 $W_{15/50}$，在磁感应强度值为 1.0T 条件下测量铁损 $W_{10/50}$，在频率为 400Hz、磁感应强度值为 1.0T 条件下测量铁损 $W_{10/400}$。

5.2　结果与分析

5.2.1　0.50mm 厚度薄板的制备及组织性能调控

5.2.1.1　0.50mm 厚度温轧薄板的表观形貌

图 5-2 和图 5-3 示出了 0.50mm 厚度高硅钢温轧薄带的表观形貌。由图 5-2 和图 5-3 知，虽然薄带表面发生了轻微的氧化，但是，板形平整，没有发现任何裂纹。这表明，双辊连铸技术和合适的温轧技术制备 0.50mm 厚度的高硅钢薄带是完全可行的。

图 5-2　0.50mm 厚度高硅钢温轧薄带的表观形貌（正面）

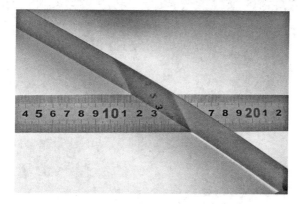

图 5-3　0.50mm 厚度高硅钢温轧薄带的表观形貌（侧面）

5.2.1.2　0.50mm 厚度薄带制备过程中的组织演变

图 5-4 示出了 0.50mm 厚度高硅钢薄带制备过程（1）中的组织变化情

况。可见，铸带在经过直接冷轧后形成了不均匀的变形组织，剪切带分布严重不均。由图 5-4a 知，这种不均匀的变形组织不利于获得均匀的再结晶组织，各晶粒的尺寸差别巨大。图 5-5 示出了 0.50mm 厚度高硅钢薄带制备过程（2）中的组织变化情况。可见，铸带在经过小变形量的热轧时发生了回复，柱状晶特征减弱，出现了许多尺寸较小的晶粒。温轧后，在变形组织中出现了分布广泛的剪切带，剪切带彼此之间的距离较大。退火后，形成了非常均匀的再结晶组织。这表明，热轧有利于改善成品板组织的均匀性。

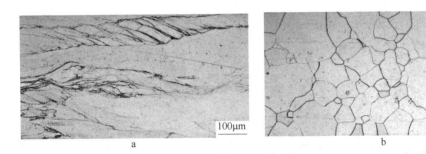

图 5-4　0.50mm 厚度高硅钢薄带制备过程（1）的组织变化情况

a—温轧；b—退火

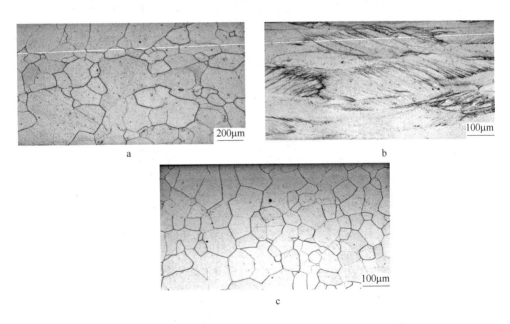

图 5-5　0.50mm 厚度高硅钢薄带制备过程（2）的组织变化情况

a—热轧；b—温轧；c—退火

5.2.1.3 0.50mm厚度薄带制备过程中的织构演变

图 5-6 ~ 图 5-8 示出了 0.50mm 厚度高硅钢薄带制备过程（1）中的织构变化情况。由图 5-6 知，铸带在全厚度范围内以发达的 $\{001\}\langle uvw\rangle\lambda$ 纤维织

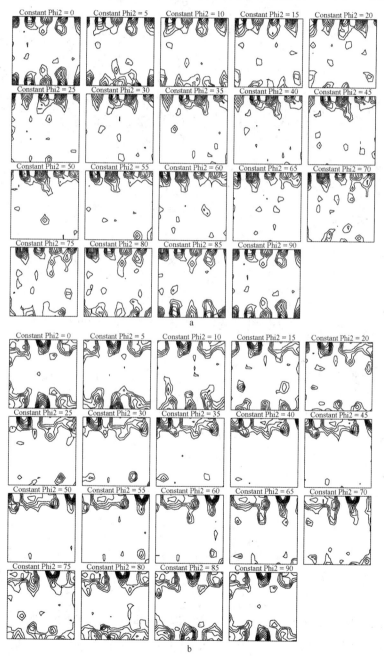

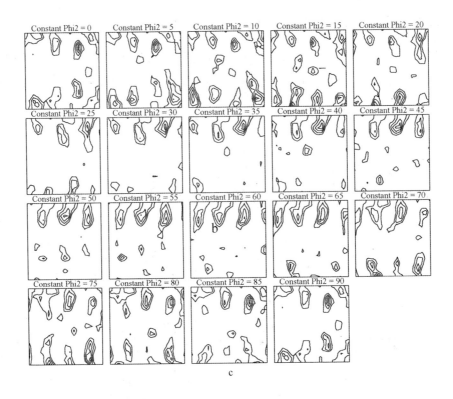

图 5-6 初始铸带的宏观织构（密度水平：2-3-4-5-6-7-8-9）

a—s = 1.0；b—s = 0.5；c—s = 0

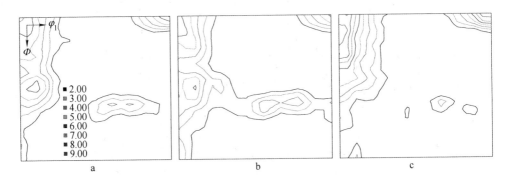

图 5-7 温轧板的宏观织构

a—s = 1.0；b—s = 0.5；c—s = 0

构为特征。其中，$\{001\}\langle uvw \rangle \lambda$ 纤维织构在中间层（$s = 0.5$）最发达，表层（$s = 1.0$）次之，中心层（$s = 0$）最弱。由图 5-7 知，温轧后，形成了显著的

α 纤维织构和较弱的、不均匀的 γ 纤维织构。在各厚度层内，α 纤维织构的强点在 $\{001\}\langle110\rangle$ 附近，γ 纤维织构的强点在 $\{111\}\langle110\rangle$ 附近。由图 5-8 知，退火后，形成了较强的以 $\{001\}\langle140\rangle$ 为主的 $\{001\}\langle uvw\rangle\lambda$ 纤维织构和非常微弱的以 $\{111\}\langle112\rangle$ 为主的 γ 纤维织构。另外，还出现了较强的 $\{114\}\langle481\rangle$ 组分。

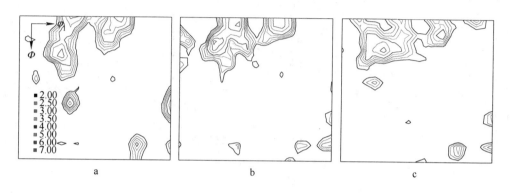

图 5-8　退火板的宏观织构

a—s = 1.0；b—s = 0.5；c—s = 0

图 5-9 ~ 图 5-11 示出了 0.50mm 厚度高硅钢薄带制备过程（2）中的织构变化情况。由图 5-9 知，小变形量热轧后仍然保留着 $\{001\}\langle uvw\rangle$ 织构特征，但是，强度减弱，强点在 $\{001\}\langle110\rangle$ 附近。由图 5-10 知，温轧后，形成了较强的 α 纤维织构和较弱的、不均匀的 γ 纤维织构。由表层向里，强点逐渐沿 α 纤维织构向下移动，γ 纤维织构逐渐增强。γ 纤维织构的主要组分为 $\{111\}$

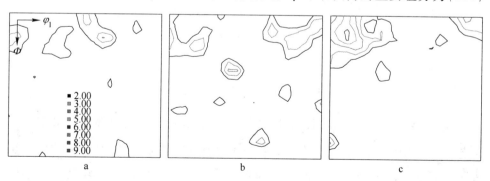

图 5-9　热轧板的宏观织构

a—s = 1.0；b—s = 0.5；c—s = 0

〈110〉。由图 5-11 知，退火后，形成了以 {001}〈140〉~ {001}〈010〉为主要
组分的显著的 λ 纤维织构，以及非常微弱的 γ 纤维织构。

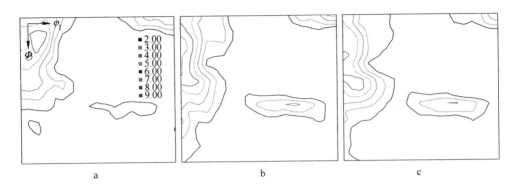

图 5-10 温轧板的宏观织构

a—$s = 1.0$；b—$s = 0.5$；c—$s = 0$

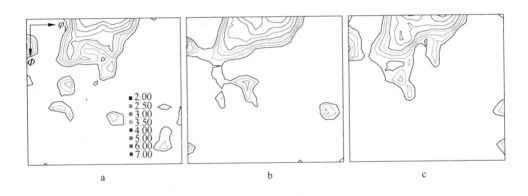

图 5-11 退火板的宏观织构

a—$s = 1.0$；b—$s = 0.5$；c—$s = 0$

5.2.1.4 0.50mm 厚度薄带的磁性能

表 5-2 示出了 0.50mm 厚度 Fe-6.5% Si 成品板纵向的磁性能。可知，与
工艺（1）相比，工艺（2）的 B_8 提高了 0.039T，$W_{10/400}$ 降低 0.31W/kg。这
表明在温轧之前施加热轧有助于提高磁感应强度并降低铁损。较高的磁感应
强度归因于较强的 {001}〈140〉~ {001}〈010〉纤维织构，较低的铁损归因于
较强的 {001}〈140〉~ {001}〈010〉纤维织构以及均匀的再结晶组织。

表 5-2　0.50mm 厚度 Fe-6.5%Si 成品板的磁性能［RD］

工　艺	B_8/T	B_{50}/T	$W_{10/50}$/W·kg^{-1}	$W_{15/50}$/W·kg^{-1}	$W_{10/400}$/W·kg^{-1}
（1）	1.419	1.602	0.91	2.10	18.71
（2）	1.458	1.631	0.85	1.93	18.40

5.2.2　0.35mm 厚度薄板的制备及组织性能调控

5.2.2.1　0.35mm 厚度温轧薄板的表观形貌

图 5-12 示出了铸带直接在 300~600℃ 条件下经多道次温轧得到的 0.35mm 厚薄带的表观形貌情况。可以看出，温轧薄板板形良好，表面发生了轻微氧化。仅在薄带的边部观察到了少量的微小裂纹，其他部位未发现裂纹。这表明，通过双辊连铸和温轧复合工艺路线制备 Fe-6.5%Si 薄带是可行的。

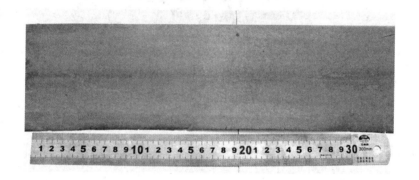

图 5-12　0.35mm 厚度高硅钢温轧薄带的表观形貌

5.2.2.2　0.35mm 厚度薄带制备过程中的组织演变

图 5-13 示出了 0.35mm 厚度高硅钢薄带制备过程的组织变化情况。可知，铸带以发达的柱状晶组织为特征，仅在铸带中部存在少量的细晶组织。在温轧条件下，位错易于运动，滑移系易开动。因此，变形较均匀，没有出现高密度的复杂亚结构，仅在少量的变形晶粒内部出现了较稀疏的晶内剪切带。经再结晶退火后，形成了较均匀的再结晶组织。

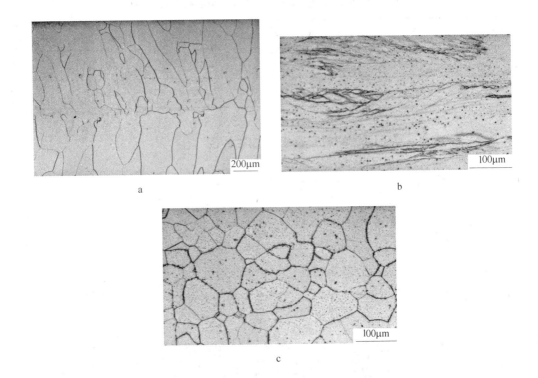

图 5-13 0.35mm 厚度高硅钢薄带制备过程的组织变化情况

a—铸带；b—温轧；c—退火

5.2.2.3 0.35mm 厚度薄带制备过程中的织构演变

图 5-14 ~ 图 5-16 示出了 0.35mm 厚度高硅钢薄带制备过程的织构变化情况。由图 5-14 知，铸带在全厚度范围内以较强的 $\{001\}\langle uvw\rangle\lambda$ 纤维织构为特征。由图 5-15 知，温轧后，形成了显著的 α 纤维织构和较弱的、不均匀的 γ 纤维织构。并且，由表层向里强点沿 α 纤维织构逐渐下移，以 $\{111\}\langle 110\rangle$ 为主要组分的 γ 纤维织构逐渐增强。由图 5-16 知，退火后，形成了以强烈的 $\{001\}\langle uvw\rangle\lambda$ 纤维织构和微弱的、不均匀的 γ 纤维织构为特征的再结晶织构。λ 纤维织构的主要组分是 $\{001\}\langle 140\rangle$，$\gamma$ 纤维织构的主要组分是 $\{111\}\langle 112\rangle$。特别是可以看出，与常规工艺相比，这种条件下形成的有害的 γ 纤维织构较弱而有利的 λ 纤维织构较强。

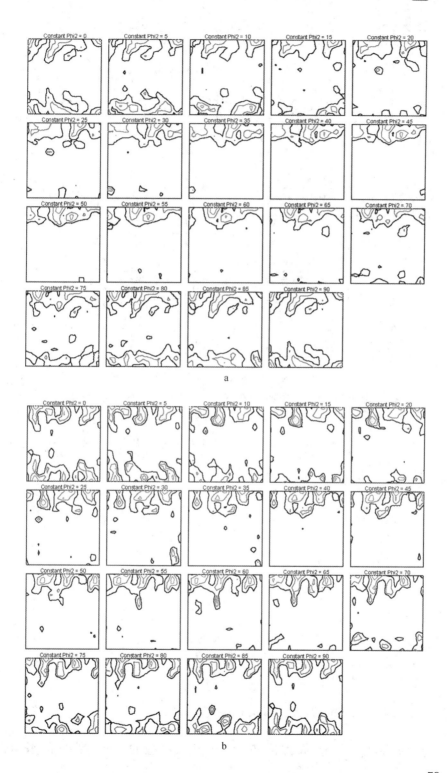

a

b

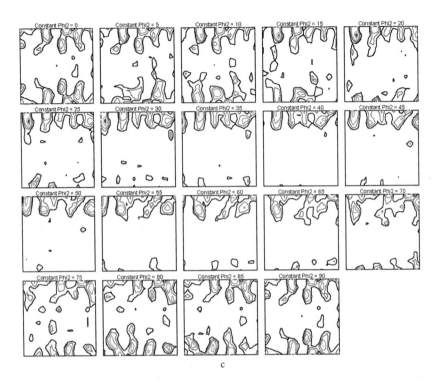

图 5-14 初始铸带的宏观织构（密度水平：2-3-4-5-6-7-8-9）

a—$s=1.0$；b—$s=0.5$；c—$s=0$

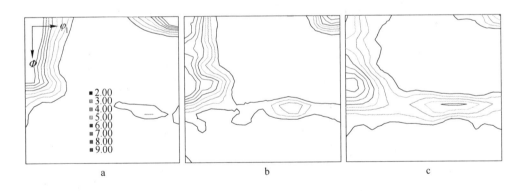

图 5-15 温轧板的宏观织构

a—$s=1.0$；b—$s=0.5$；c—$s=0$

5.2.2.4 0.35mm 厚度薄板的磁性能

表 5-3 示出了 0.35mm 厚度 Fe-6.5%Si 成品板的横向与纵向的平均磁性

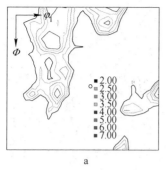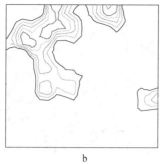

a   b   c

图 5-16   退火板的宏观织构

a—$s = 1.0$; b—$s = 0.5$; c—$s = 0$

能。可知，B_8 达到了 1.391T，高于日本 NKK 产品（同样厚度，B_8 为 1.33T）0.058T；$W_{10/400}$ 为 13.98W/kg，略高于日本 NKK 产品（同样厚度，$W_{10/400}$ 为 10.0W/kg），这是由实验室较差的小炉炼钢条件造成的。该研究表明，双辊连铸适宜于生产高磁感的 Fe-6.5%Si 薄带。

表 5-3   0.35mm 厚度 Fe-6.5%Si 成品板的磁性能[(RD + TD)/2]

B_8/T	B_{50}/T	$W_{10/50}$/W·kg^{-1}	$W_{15/50}$/W·kg^{-1}	$W_{10/400}$/W·kg^{-1}
1.391	1.582	0.848	1.928	13.98

5.2.3   0.15mm、0.20mm 厚度薄板的制备及组织性能调控

5.2.3.1   成品薄板的表观形貌

在常规铸造和热轧条件下，6.5%Si 电工钢中通常形成 B2(FeSi)、DO$_3$(Fe$_3$Si)有序相。这些有序结构被认为是导致 6.5%Si 电工钢脆性的主要原因。揭示其有序-无序转变行为并进行有效调控是改善 6.5%Si 电工钢热加工性能和室温塑性的关键。

课题组发现，在薄带连铸条件下，通过综合匹配连铸过程的凝固速率、热轧后的冷却速率与冷却路径、常化处理制度可以有效调控 B2、DO$_3$ 有序相（见图 5-17），为后续的轧制工序提供了便利条件。

经过大量实验研究，提出了应用"薄带连铸 + 热轧 + 温轧 + 冷轧"制备薄

 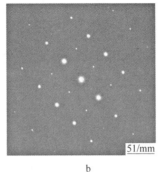 

　　　　a　　　　　　　　　　　　b　　　　　　　　　　　　c

图 5-17　不同工艺条件下试样的 TEM 衍射斑（［011］轴）

a—A2；b—A2 + B2；c—A2 + B2 + DO₃

规格 6.5%Si 电工钢的思想，开发出改善 6.5%Si 电工钢的工艺路线及全流程工艺技术，掌握了关键的工艺控制窗口，在实验室条件下成功制备出宽度达 160mm，厚度规格分别为 0.15mm、0.20mm 的 6.5%Si 无取向电工钢薄板（见图 5-18）。从图 5-18 中可以看出，薄板边部质量良好，并未观察到明显的裂纹。

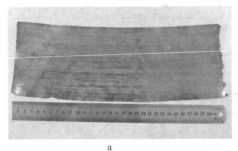 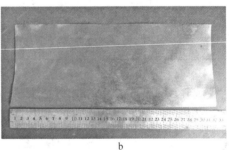

　　　　a　　　　　　　　　　　　　　　　　　b

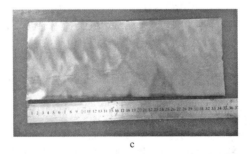

c

图 5-18　不同厚度规格的 6.5%Si 无取向电工钢薄板

a—0.15mm；b—0.20mm；c—0.30mm

5.2.3.2 显微组织演变

图 5-19 示出了 0.20mm、0.15mm 厚 6.5% Si 薄板轧制及退火态显微组织。可知,轧板由不均匀的部分再结晶组织和变形组织组成,退火板由完全再结晶组织组成。

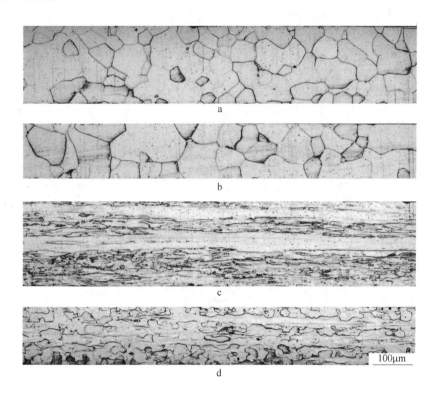

图 5-19   0.20mm、0.15mm 厚 6.5% Si 薄板退火态 (a, b) 与
轧制态 (c, d) 显微组织

5.2.3.3 织构演变

图 5-20 示出了 0.20mm、0.15mm 厚 6.5% Si 薄板轧制及退火态织构的
ODF 图。可知,轧板由较强的 α 纤维织构(强点在 {001}⟨110⟩)和强烈的 γ
纤维织构(强点在 {111}⟨110⟩)组成,退火板由强烈的 γ 纤维织构(强点在
{111}⟨110⟩)组成。

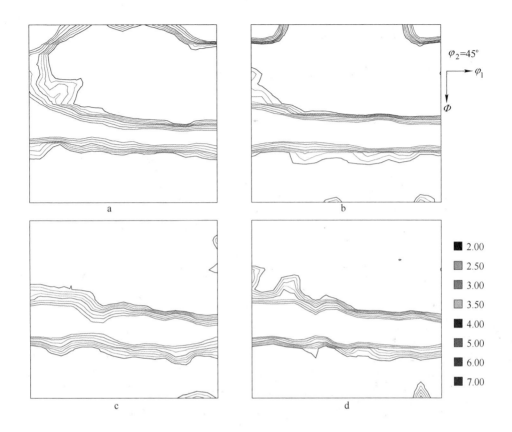

$\varphi_2=45°$

- 2.00
- 2.50
- 3.00
- 3.50
- 4.00
- 5.00
- 6.00
- 7.00

图 5-20 0.20mm、0.15mm 厚度的 6.5%Si 薄板轧态（a, b）与退火态（c, d）织构

5.2.3.4 成品板的磁性能

表 5-4 示出了薄带连铸流程 0.20mm、0.15mm 厚 6.5%Si 薄板的磁性能与 CVD 产品磁性能的比较情况。由表 5-4 知，薄带连铸流程的 6.5%Si 薄板产品的磁感应强度显著高于 CVD 产品，铁损指标略高于 CVD 产品（由于实验室条件下小炉炼钢的夹杂物引起）。表明，在薄带连铸条件下可以获得高磁感应强度的 6.5%Si 无取向硅钢薄板。

表 5-4 薄带连铸流程 0.20mm 厚 6.5%Si 薄板的磁性能与 CVD 产品磁性能比较

项 目	B_8/T	B_{25}/T	B_{50}/T	$W_{10/50}/W \cdot kg^{-1}$	$W_{10/400}/W \cdot kg^{-1}$	$W_{2/5000}/W \cdot kg^{-1}$
薄带连铸	1.31	1.40	1.50	0.51	7.53	19.45
CVD	1.27	—	—	0.60	8.1	19.0

5.3 本章小结

本节以薄带连铸 6.5% Si NGO 高硅钢为研究对象，对其组织、织构演变行为、有序-无序转变行为进行了系统研究，阐释了晶体塑性和组织性能的优化控制原理和方法。主要结论如下：

（1）在实验室条件下成功制备出微边裂的 0.35mm 和无边裂的 0.50mm 厚度的成品薄带，磁感明显优于国际同类产品，铁损略低。

（2）在实验室条件下成功制备出宽度达 160mm，厚度规格分别为 0.15mm、0.20mm 的成品薄带，磁感指标显著优于日本 CVD 产品，铁损指标相当。

（3）双辊薄带连铸结合轧制技术制备的 Fe-6.5% Si 钢薄带易于形成强烈的 $\{001\}\langle uvw \rangle$ 再结晶纤维织构，而 γ 纤维再结晶织构几乎消失，这是其具有优异磁性能的主要原因。

（4）为获得磁性能更加优异的 Fe-6.5% Si 钢薄带，必须在温轧之前进行一定程度的热轧。热轧的作用在于获得更加满意的 $\{001\}\langle uvw \rangle$ 再结晶织构及更加均匀的再结晶组织。

（5）这项研究进展的现实意义在于：应用"薄带连铸 + 热轧 + 温轧 + 冷轧"制备 6.5% Si 钢薄带的工艺技术路线是可行的。开发出的工艺路线及全流程原型工艺技术，将为基于薄带连铸的 6.5% Si 钢产业化生产提供坚实的理论和技术支撑。

6 薄带连铸普通取向硅钢的研发

取向硅钢（包括普通取向硅钢和高磁感取向硅钢）是一种含硅约3%的软磁材料，主要用于制造变压器铁芯。取向硅钢由于具有强烈的$\{110\}\langle 001\rangle$高斯织构，从而沿轧制方向具有非常低的铁损和非常高的磁感应强度。它是钢铁工业中唯一运用二次再结晶现象生产的产品，是织构控制技术在工业化生产中较为成功的应用。取向硅钢的传统生产流程为：冶炼→连铸→高温加热→热轧→（常化处理）→酸洗→冷轧→（中间退火）→（二次冷轧）→脱碳退火→涂MgO隔离层→高温退火→拉伸平整退火→涂绝缘层→（激光处理）→剪切、包装。取向硅钢的生产工艺和设备复杂，制造工序多，成分控制严格，影响性能的因素多，因此，被称为"钢铁工业的艺术品"。如何简化取向硅钢生产工艺，降低生产成本，成为冶金工作者追求的目标。与传统厚板坯连铸和薄板坯连铸工艺相比，由于薄带连铸工艺具有流程短，单位投资低，能耗低，劳动生产率高等特点，取向硅钢被认为是薄带连铸工艺中最具有发展前途的钢种之一。

要引发取向硅钢二次再结晶必须满足三个前提条件：（1）具有合适数量和尺寸的弥散分布的抑制剂；（2）初次再结晶组织中具有足够强度的Goss取向晶粒作为二次再结晶晶核；（3）具有可促进Goss取向晶粒异常长大的环境，如细小的初次再结晶晶粒等。薄带连铸工艺与传统工艺流程相比，由于采用薄带连铸+"一道次"热轧代替传统的板坯连铸+高温加热+粗轧+热精轧工艺，在凝固、热轧以及热履历等方面具有明显的差异，所以，薄带连铸工艺流程条件下的组织控制、织构控制、抑制剂控制存在特殊性。但是，这方面的研究鲜有报道。

本节对薄带连铸条件下普通取向硅钢的组织、织构及抑制剂演变行为及调控原理进行了深入研究。在此基础上，成功制备出0.27mm厚的普通取向硅钢原型钢，磁感B_8达到1.85T，与国内外现有CGO产品相当。

6.1 实验方法与过程

双辊薄带连铸实验在东北大学轧制技术及连轧自动化国家重点实验室（NEU-RAL）的薄带连铸机上进行。制备了多条厚度为 2.0 ~ 4.0mm 的薄带坯。

对薄带坯依次进行热轧、常化、冷轧、中间退火、冷轧、脱碳退火、高温退火实验。分别截取试样进行显微组织、宏观织构、析出相检测。显微组织观察在 LEICA DMIRM 光学显微镜下进行，宏观织构的检测在 Bruker D8 Discover X 射线衍射仪上进行，采用 CoK 辐射，通过测量样品的 {110}、{200} 和 {112} 三个不完整极图计算取向分布函数（ODF）。析出相的观测在 Tecnai G2 F30 型透射电子显微镜上进行。磁感应强度采用单片试样测量法进行测试，从退火板上分别沿轧向切取 100mm × 30mm 的长条试样，在磁场强度分别为 800A/m 的条件下测量磁感应强度 B_8，在频率为 50Hz、磁感应强度值为 1.7T 条件下测量铁损 $P_{1.7/50}$。

6.2 结果与分析

6.2.1 薄带坯初始组织、织构的调控

图 6-1 示出了不同过热度条件下制备的取向硅钢薄带坯的凝固组织。由图 6-1 知，钢水过热度的高低对薄带坯的凝固组织影响很大。当过热度较低时，薄带坯易于形成细小、均匀的等轴晶组织；当过热度较高时，薄带坯易于形成粗大的柱状晶组织。

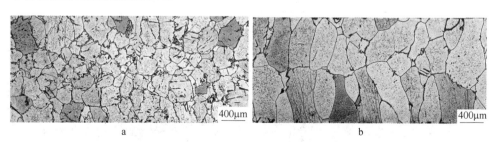

图 6-1 不同过热度条件下制备的取向硅钢薄带坯的凝固组织

a—约 20℃；b—约 60℃

图 6-2 示出了薄带坯的显微组织。由图 6-2 知，由于冷却速率较快，形成了少量的针状马氏体，由晶界向晶内生长。另外，还存在少量的珠光体组织。

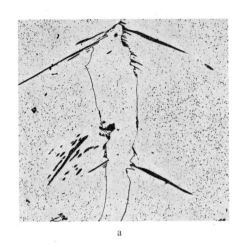 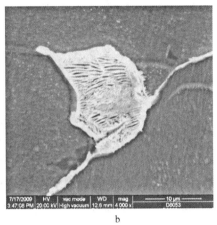

a b

图 6-2 薄带坯内的显微组织

a—马氏体；b—珠光体

图 6-3 示出了等轴晶取向硅钢薄带坯的宏观织构，图 6-4 示出了柱状晶取向硅钢薄带坯的宏观织构。对比后可以发现，等轴晶薄带的织构较弱，在表层以及中心层的附近存在较弱的高斯织构；柱状晶薄带以强烈的 $\{001\}\langle uvw \rangle$ 织构为特征，没有观察到高斯织构。

细化、均匀化薄带坯的初始凝固组织，弱化初始 $\{001\}\langle uvw \rangle$ 织构，增强 $\{110\}\langle 001 \rangle$ 高斯织构，为后续加工过程的组织与织构控制提供有利条件，是薄带连铸取向硅钢的一个关键点。

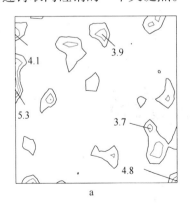 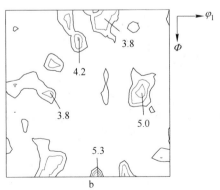

a b

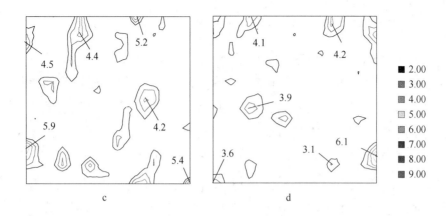

图 6-3　等轴晶薄带坯的织构

a—s = 1.0；b—s = 0.66；c—s = 0.33；d—s = 0

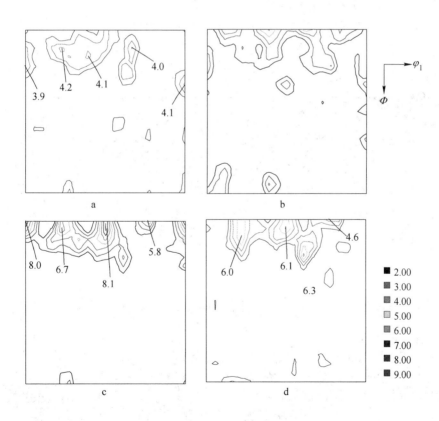

图 6-4　柱状晶薄带坯的织构

a—s = 1.0；b—s = 0.66；c—s = 0.33；d—s = 0

6.2.2 全流程的组织演变及调控

图 6-5 示出了薄带连铸取向硅钢全流程的组织演变情况。由于对双辊连铸工艺进行了优化控制，由图 6-5a 知，铸带几乎由等轴晶的铁素体组织与马氏体组成，仅在表层区域形成了少量的柱状晶组织。由于含碳量较高，马氏体的体积分数较大。主要分为板条马氏体和片状马氏体。板条马氏体位于铁素体晶粒内部，距离晶界较远，呈岛状；片状马氏体则从晶界处向晶内生长，呈针状。热轧时，由于经历了 γ/α 相变，发生了碳的再分配，大块的马氏体消失。常化时，由于再次经历了 γ/α 相变，碳的分布更加均匀，所以，马氏体/贝氏体的分布更加均匀。冷轧后，铁素体晶粒被明显拉长，并出现了较多的晶内剪切带，被压碎的马氏体/贝氏体沿轧向呈带状分布。经中间退火后，形成了细小的铁素体再结晶组织。再经二次冷轧后，铁素体晶粒被压扁、拉长。最后，经脱碳退火后，形成了细小、均匀的再结晶组织，平均晶粒尺寸仅为 $7.9\mu m$。如此细小、均匀的再结晶组织为随后高温退火阶段二次再结晶的进行提供了有利条件。

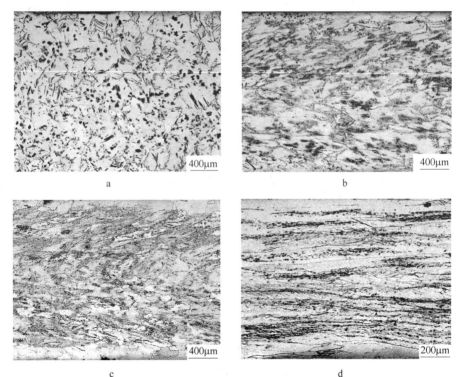

a

b

c

d

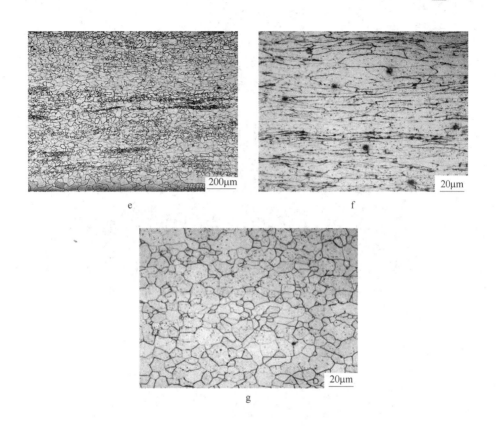

图 6-5 组织演变规律

a—连铸；b—热轧；c—常化；d, f—冷轧；e—中间退火；g—脱碳退火

图 6-6 示出了经过高温退火处理后的晶粒形貌。可见，已成功获得了粗大的二次再结晶组织，晶粒尺寸为 3 ~ 20mm。但是，晶粒尺寸相差悬殊，这一点与常规厚板坯连铸流程制造的取向硅钢不同。研究还不深入，在化学成分与生产工艺的设计方面还存在很大的优化空间。

6.2.3 全流程的织构演变及调控

图 6-7 示出了铸带在全厚度范围内的织构。由图 6-7 知，在 $s = 0.8 \sim 1.0$ 区域，主要以 $\{001\}\langle 0vw \rangle$ 纤维织构为特征，这与表层附近的柱状晶组织相对应。在 $s = 0 \sim 0.6$ 区域，主要以微弱的随机织构为特征，偶尔会观察到微弱的 $\{110\}\langle 001 \rangle$ 高斯织构，这与内部的等轴晶组织相对应。

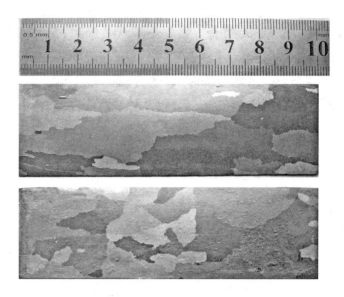

图6-6 高温退火组织

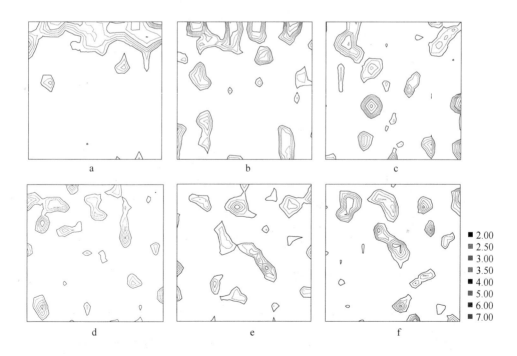

图6-7 铸带织构

a—s = 1.0；b—s = 0.8；c—s = 0.6；d—s = 0.4；e—s = 0.2；f—s = 0

　　图6-8示出了铸带热轧后全厚度范围内的织构。由图6-8知，表层为显著的
$\{001\}\langle 0vw \rangle$纤维织构；$s=0.4\sim0.7$区域内，出现了微弱的$\{110\}\langle 001 \rangle$高斯织
构；在$s=0\sim0.2$区域内，主要以$\{001\}\langle 0vw \rangle$纤维织构和$\alpha$纤维织构为特征。

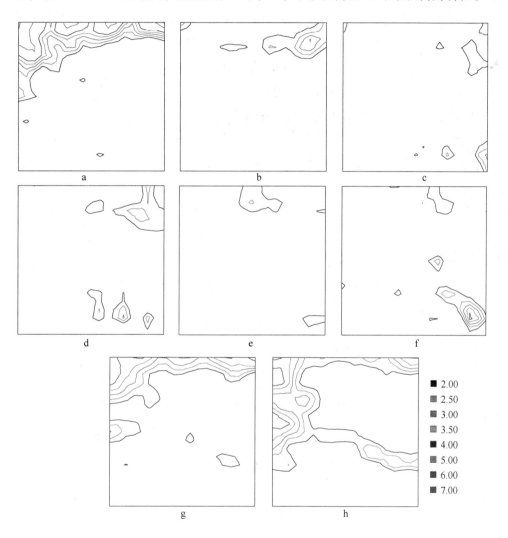

图6-8　热轧织构

a—$s=1.0$；b—$s=0.8$；c—$s=0.7$；d—$s=0.6$；e—$s=0.5$；f—$s=0.4$；g—$s=0.2$；h—$s=0$

　　取向硅钢热轧织构的控制主要有以下要求：亚表层形成尺寸较大的Goss
取向晶粒，亚表层-中间层形成较强的$\{111\}\langle 112 \rangle$（或$\{554\}\langle 225 \rangle$）织构，
并尽可能降低$\{100\}$织构的强度。在厚板坯生产流程条件下，热轧织构的

不均匀分布是辊板摩擦引起的不均匀变形与随之发生的不均匀再结晶综合作用的结果。表层由于再结晶使热轧织构随机化，1/4～1/5 厚度层（相当于 $s = 0.5 \sim 0.6$）则由于剪切应变高且仅发生回复而形成强 Goss 织构，中间层附近则形成以 $\{001\}\langle 110\rangle$ 为强点的 α 平面应变织构。显然，薄带连铸流程的热轧织构与之不同：（1）亚表层高斯织构明显较弱；（2）中心层的 $\{111\}\langle 112\rangle$（或 $\{554\}\langle 225\rangle$）织构明显较弱。因此，继续在化学成分与生产工艺方面进行优化设计显得尤为必要。

图6-9 示出了热轧板常化处理后的织构。由图6-9 知，由于经历了 γ/α 相

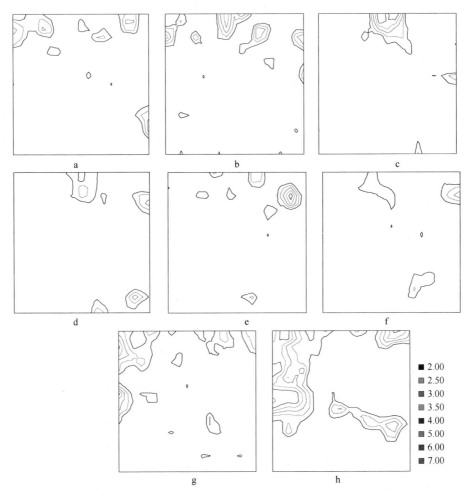

图 6-9　常化处理后的织构

a—$s = 1.0$；b—$s = 0.8$；c—$s = 0.7$；d—$s = 0.6$；e—$s = 0.5$；f—$s = 0.4$；g—$s = 0.2$；h—$s = 0$

变过程，织构整体上被弱化。图 6-10 示出了冷轧后的织构。由图 6-10 知，冷轧板各层主要由显著的 α 纤维织构和较弱的 γ 纤维织构组成。并且，由表及里 γ 纤维织构逐渐增强。图 6-11 示出了经过中间退火处理后的织构。由图 6-11 知，主要由 {001}⟨0vw⟩ 纤维织构和 {110}⟨001⟩ 高斯织构组成。

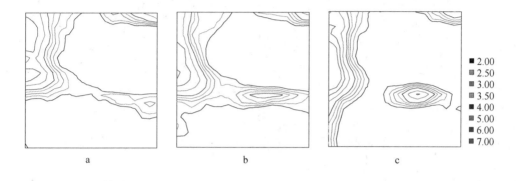

图 6-10　冷轧织构

a—s = 1.0；b—s = 0.5；c—s = 0

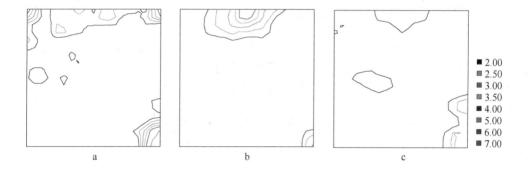

图 6-11　中间退火织构

a—s = 1.0；b—s = 0.5；c—s = 0

图 6-12 示出了二次冷轧后的织构。由图 6-12 知，冷轧板各层主要由 α 纤维织构和 γ 纤维织构组成。由表层及里，α 纤维织构逐渐减弱，γ 纤维织构显著增强。但是，γ 纤维织构各组分的取向密度差别较大。强点出现在 {111}⟨112⟩ 附近，而 {111}⟨110⟩ 取向密度较低。

图 6-13 示出了脱碳退火后的织构。由图 6-13 知，表层由 α 纤维织构、{001}⟨010⟩ 立方织构和 {110}⟨001⟩ 高斯织构组成。由表及里，α 纤维织构逐

渐减弱，γ 纤维织构逐渐增强。在中心层，形成了贯通的 γ 纤维织构。

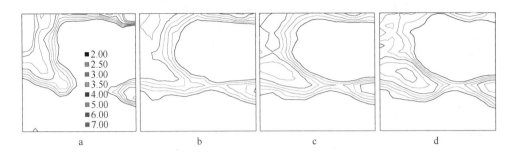

图 6-12 二次冷轧织构

a—$s = 1.0$；b—$s = 0.66$；c—$s = 0.33$；d—$s = 0$

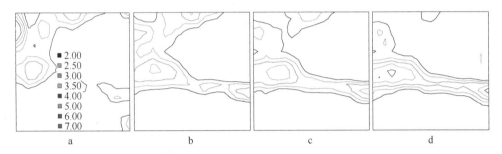

图 6-13 脱碳退火后的织构

a—$s = 1.0$；b—$s = 0.66$；c—$s = 0.33$；d—$s = 0$

图 6-14 示出了经高温退火后的成品板织构。由图 6-14 知，不同高温退火

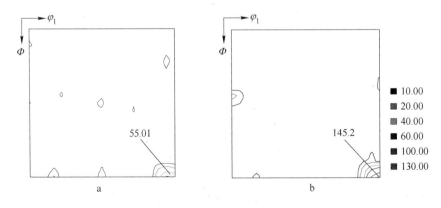

图 6-14 高温退火后的织构

a—1 号；b—2 号

试样的检测结果均表明形成了异常发达的{110}〈001〉高斯织构。但是，伴随着成品板组织的不均匀性（图6-6），在试样不同部位高斯织构的取向密度差别较大。另外，可以发现，还残留着较强的其他织构组分。

6.2.4 抑制剂的演变与调控

图6-15示出了薄带坯热轧后的抑制剂分布形态。可以看出，由于在连铸与热轧过程中对热履历进行了严格控制，在热轧板中形成了大量、弥散分布的小于10nm的抑制剂粒子，以及少量的15～40nm的抑制剂粒子。

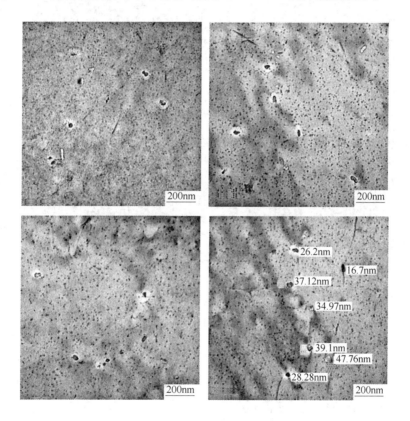

图6-15 薄带坯热轧后的抑制剂分布形态

图6-16示出了脱碳退火后的抑制剂分布形态。可知，经过常化处理后，细小的抑制剂粒子聚集长大，形成了较多的尺寸为25～50nm的抑制剂粒子。并且，形成了少量的尺寸为55～80nm的复合粒子。抑制剂粒子的分布密度为

$(5.8 \sim 18.2) \times 10^8$ 个/cm。

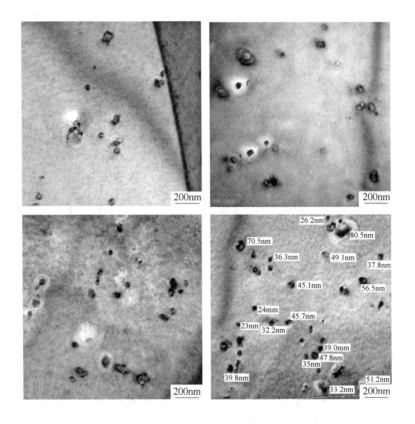

图 6-16 脱碳退火后的抑制剂分布形态

6.2.5 磁性能指标

表 6-1 示出了成品板的磁性能指标。可以看出，磁感应强度已远远超出国家标准，基本达到了国内优秀钢铁企业的实物水平；由于小炉炼钢以及纯净化退火不充分的限制，铁损略高。

表 6-1 实验室薄带连铸取向硅钢样品的磁性能指标

项　　目	牌　　号	B_8/T	$P_{1.7/50}$/W·kg^{-1}
GB/T 2521—2008	27Q140	> 1.75	< 1.40
某钢厂	B27G130	1.85	1.23
实验室样品		1.81 ~ 1.85	1.42 ~ 1.58

6.3 本章小结

本节深入研究了双辊连铸条件下普通取向硅钢的组织、织构和抑制剂演变行为及规律，主要研究进展如下：

（1）设计出了适用于薄带连铸流程的普通取向硅钢合金成分体系。

（2）阐明了取向硅钢 Goss 织构的起源及演变行为，解决了取向硅钢 Goss "种子"控制的难题。

（3）阐明了取向硅钢抑制剂控制原理并提出了调控方法，使抑制剂控制难度大幅度降低。

（4）掌握了薄带连铸普通取向硅钢原型工艺技术并成功制备出原型钢薄带。

7 薄带连铸 Hi-B 取向硅钢的研发

工业上生产取向硅钢主要采用冷轧工艺，而冷轧工艺因适用产品不同可以分为一步冷轧法和两步冷轧法。一步冷轧法生产取向硅钢由日本新日铁公司开发，采用 AlN + MnS 综合抑制剂，主要用于生产 Hi-B 钢。为了获得高磁感应强度，冷轧总压下率要求控制在 82% ~ 90%，最好为 85% ~ 88%。一步大压下冷轧在冷轧板中产生更多的具有{111}⟨112⟩位向的变形带，在这些变形带之间的过渡中保留了原来的{110}⟨001⟩位向的亚晶粒，储能较高。在随后的脱碳退火过程中过渡带中的{110}⟨001⟩亚晶粒，通过亚晶聚集形成位向更准确的{110}⟨001⟩（二次晶核），并与其周围的{111}⟨112⟩形变带构成大角晶界。与普通取向硅钢的两步冷轧法相比，在初次再结晶织构中，{111}⟨112⟩组分加强，{110}⟨001⟩组分减弱，{110}⟨001⟩二次晶粒位向更准确，但数量少，同时基体晶粒尺寸较小，因此二次再结晶完成后形成的晶粒尺寸更大。

20 世纪 90 年代，日本新日铁公司首次提出薄带连铸取向硅钢一步大压下冷轧工艺，但需要通过后续渗氮和渗硫工艺提高抑制能力。随后美国 AK 公司和意大利特尔尼公司也提出相关工艺，此后鲜有涉及薄带连铸制备取向硅钢工艺以及组织演变等物理冶金原理方面的研究报道，并且工业化产品始终没有问世。

本章对薄带连铸条件下 Hi-B 取向硅钢的组织、织构及抑制剂演变行为及调控原理进行了深入研究。在此基础上，成功制备出 0.27mm 厚的 Hi-B 取向硅钢原型钢，磁感 B_8 达到 1.94T，优于国内外现有 Hi-B 产品。

7.1 实验方法与过程

双辊薄带连铸实验在东北大学轧制技术及连轧自动化国家重点实验室（NEU-RAL）的薄带连铸机上进行，制备出宽度 110mm、厚度 2.0 ~ 4.0mm

的薄带坯。铸带出辊后采用层流水冷却。铸带坯的表观形貌如图 7-1 所示。取向硅钢的制备工艺路线为：铸轧→热轧→常化→酸洗→冷轧→脱碳退火→涂覆 MgO→高温退火。

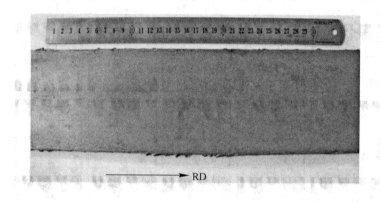

图 7-1　薄带连铸取向硅钢铸带

（1）金相分析：

将待测材料沿轧向截取 15mm（RD）×10mm（ND）金相试样，将试样纵截面经 240 号、600 号、800 号、1000 号、1200 号砂纸依次磨光无划痕后，再使用 1500 号砂纸水磨，最后采用 W2.5 人造金刚石研磨膏机械抛光，用 8% 的硝酸酒精溶液腐蚀 30s，使用 Leica Q550IW 型金相显微镜观察组织并采集照片。本章主要针对铸带、热轧板、常化板、冷轧板和脱碳退火板进行金相分析。

（2）XRD 宏观织构分析：

将待测材料沿轧向截取 22mm（RD）×20mm（TD）试样，将试样轧面经 240 号、600 号、800 号、1000 号、1200 号砂纸依次磨平后，使用 5% 稀盐酸溶液去除表面应力，使用 XRD 宏观织构测试，通过测量样品的 {110}、{200}、{112} 三个不完整极图计算取向分布函数（ODF）。本章主要针对铸带、热轧板、常化板、冷轧板和脱碳退火板进行 XRD 宏观织构分析。

（3）EDSD 微观织构分析：

EDSD 微观织构观察面与金相观察面相同，经 240 号、600 号、800 号、1000 号、1200 号、1500 号砂纸依次磨平光无划痕后，进行电解抛光，电解液为电解液成分为高氯酸、分析纯酒精、去离子水，三者体积比为 2：13：1。电解抛光后使用扫描电镜进行 EDSB 分析并采集照片。本章主要针对铸带、热轧板、常化板和脱碳退火板进行 EBSD 测试分析。

（4）磁性能检测：

将高温退火板沿轧向截取 100mm（RD）×30mm（TD）试样，采用 MATS-2010 硅钢测量装置测量磁感（B_8）。

7.2 结果与分析

7.2.1 组织演变行为研究

图 7-2 示出取向硅钢铸带的显微组织。由图 7-2 可知，铸带主要由等轴铁素体基体和相变马氏体组成。铸态组织沿厚度方向可以分为三个区域，表面激冷层（$s = 1.0$）、中心细晶区（$s = 0.2 \sim 0.0$）以及介于两者之间的粗晶区（$s = 1.0 \sim 0.2$），其中表层与心部晶粒尺寸较粗晶区晶粒细小。表面激冷层晶

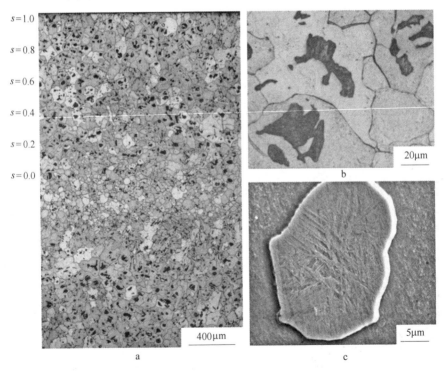

图 7-2 铸带微观组织

a—25×；b—500×；c—5000×

粒尺寸最小，晶粒尺寸约为 $10 \sim 20\mu m$，激冷层较薄，仅为几个晶粒厚；粗晶区较厚平均晶粒尺寸为 $58.04\mu m$；中心细晶区较薄，平均晶粒尺寸为 $33.83\mu m$，全断面晶粒平均尺寸为 $45.6\mu m$。铸带组织中马氏体分布比较均匀，主要位于铁素体晶粒内部。本章铸带晶粒比尺寸细小，这是由于本章实验钢液过热度低，仅为 $30℃$，铸辊冷却能力高，钢液凝固过程中异质形核率高，固晶粒细小。同时由于碳含量较高，铸带在层流水冷却过程中发生相变形成马氏体组织（见图 7-2b、c）。

图 7-3 示出铸带热轧后显微组织。由图 7-3 可知，热轧组织仍由铁素体基体与相变马氏体组成。热轧板中铁素体组织按形成机制不同可分为三类，其中表层附近铁素体热轧变形剧烈，形变储能高，完成了再结晶，主要为细小再结晶晶粒；热轧板内部原始大尺寸铁素体晶粒承受平面变形，晶粒沿轧向拉长，晶内存在大量亚结构，为铁素体回复组织；马氏体团簇周围细小铁素体为热轧过程中温度降低导致 $\gamma \rightarrow \alpha$ 转变形成的相变铁素体（见图 7-3b），晶

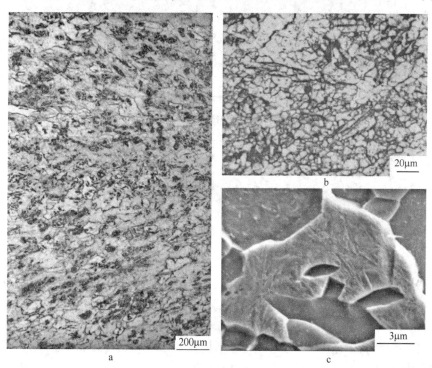

图 7-3　热轧板微观组织

a—50×；b—500×；c—4000×

粒尺寸较小，数量最多。热轧后水淬过程中剩余 γ 向马氏体转变，形成大量马氏体组织，马氏体分布比较均匀，但由于组织遗传作用仍在原始奥氏体周围聚集（见图7-3c）。

图7-4示出常化板显微组织。由图7-4可知，热轧板常化后表层再结晶晶粒继续长大，内部回复铁素体晶粒仍保留沿轧向伸长状态，原马氏体周围细小铁素体聚集长大为大尺寸晶粒。原奥氏体降温过程中发生 γ→α 相变，周围析出许多细小铁素体晶粒，随后沸水冷却过程中，剩余 γ 发生了珠光体相变和部分马氏体转变，形成珠光体（见图7-4b）与少量马氏体的混合组织（见图7-4c）。

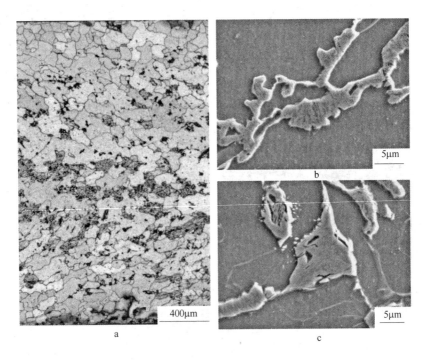

图7-4　常化板微观组织

a—25×；b—4000×；c—4000×

图7-5示出冷轧板显微组织。常化板经大压下率冷轧后，所有晶粒均沿轧向拉长，形成了细长的纤维组织（见图7-5a）。冷轧后晶界间距很小，晶粒沿轧向伸长程度非常剧烈，晶界平直近乎平行，在硬质颗粒周围晶界呈现为圆弧状。由于晶粒取向差异，晶粒变形不均匀，因此不同晶粒内部腐蚀深度

不同。体心立方金属中，α 取向晶粒的施密特因子较大，容易均匀变形，而 γ 取向晶粒的施密特因子较小，容易集中变形，所以剪切带通常在 γ 取向的变形晶粒内形成。所以 α 取向晶粒内部比较光滑，经过硝酸酒精溶液腐蚀后颜色较浅，γ 取向晶粒内部比较粗糙，晶内亚结构较多，经过硝酸酒精溶液腐蚀后颜色较深。

比较图 7-5b 和 c 可知，珠光体在冷轧过程中变形抗力小，沿轧向剧烈变形，变为细长纤维状，马氏体强度高，变形抗力大，冷轧过程中几乎不发生形变，周围基体绕马氏体颗粒弯曲变形。

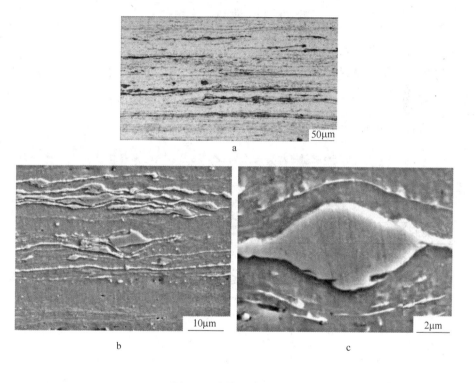

图 7-5 冷轧板微观组织

a—200×；b—1000×；c—10000×

图 7-6 示出脱碳退火板金相组织。由图 7-6 可知，取向硅钢冷轧板脱碳退火后基体变为单一的 α 相，形变铁素体晶粒发生了完全再结晶，形成了细小的等轴铁素体晶粒，晶粒尺寸较小，分布比较均匀，平均晶粒尺寸约为 13.90μm。

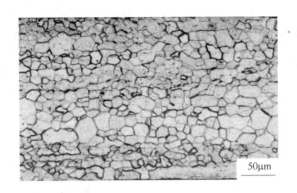

50μm

图 7-6　脱碳退火板金相组织

图 7-7 示出取向硅钢成品板宏观照片。由图 7-7 可知，脱碳退火板在高温退火过程中，高斯晶粒发生了二次再结晶，形成了单一的粗大的高斯晶粒，晶粒平均尺寸约为 20~50mm。不同晶粒的反光度相近，表明取向一致，接近高斯取向，产品厚度 0.27mm，磁感强度 $B_8 = 1.94T$。

图 7-7　取向硅钢高温退火板照片

7.2.2　织构演变行为研究

图 7-8 示出铸带沿厚度方向各层 $\varphi_2 = 45°$ ODF 截面图。由图 7-8 可知，铸带各层织构均较弱，沿厚度方向形成了明显的织构梯度。表层附近（$s = 1.0~0.75$）织构最弱，晶粒取向几乎随机分布；1/4 层附近（$s = 0.5 ~ 0.25$）织构增强并出现沿 RD 方向偏转 10°的近 $\{001\}\langle 0vw \rangle$ 织构，强点处取向密度 $f(g) = 3.66$。中心区域（$s = 0.0$）织构逐渐向 $\{001\}\langle 001 \rangle$ 和 $\{001\}$

〈110〉聚集，其中{001}〈110〉位向不准确，沿轧向与法向分别有约10°偏转，{001}〈001〉取向密度为$f(g)$ = 3.28，{001}〈110〉取向密度为$f(g)$ = 3.06。本文铸带未发现明显的形变织构（α和γ纤维织构），主要由于铸轧过程中钢液过热度小，铸轧力小，晶粒尺寸细小，取向近乎随机分布造成的。

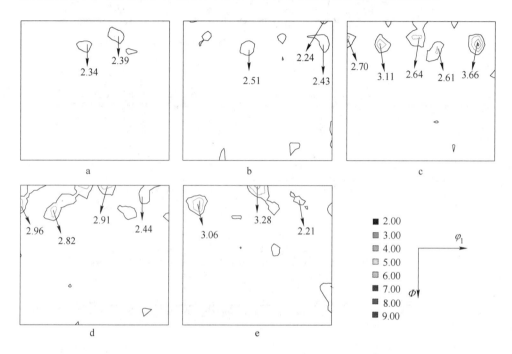

图7-8　铸带沿厚度方向各层$\varphi_2 = 45°$ ODF截面图

a—$s = 1.0$；b—$s = 0.75$；c—$s = 0.5$；d—$s = 0.25$；e—$s = 0.0$

图7-9示出热轧板沿厚度方向各层$\varphi_2 = 45°$ ODF截面图。由图7-9可知，热轧板沿厚度方向织构梯度现象明显。表层（$s = 1.0$）织构不明显，晶粒取向近乎随机分布。在$s = 0.75$层开始出现近{001}〈001〉，取向密度为$f(g)$ = 2.67。$s = 0.5$层织构增强，且织构组分向{001}〈110〉织构方向过渡，强点处取向密度为$f(g)$ = 3.20。$s = 0.25$层织构已完全过渡到{001}〈110〉，取向密度为$f(g)$ = 2.73。中心层（$s = 0.0$）织构逐渐向α纤维和γ纤维织构过渡，强点位于{114}〈110〉，取向密度为$f(g)$ = 3.08。

图7-10示出常化板沿厚度方向各层$\varphi_2 = 45°$ ODF截面图。由图可知，常处理化后沿厚度方向各层织构组分增加，织构密度增强。表层附近（$s = $

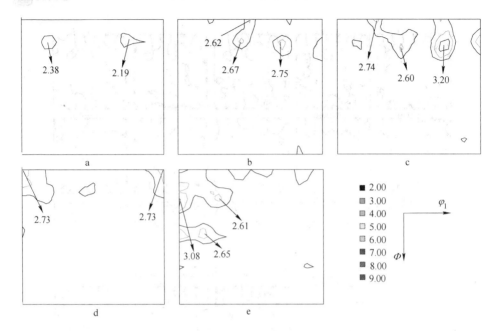

图 7-9 热轧板沿厚度方向各层 $\varphi_2 = 45°$ ODF 截面图

a—s = 1.0；b—s = 0.75；c—s = 0.5；d—s = 0.25；e—s = 0.0

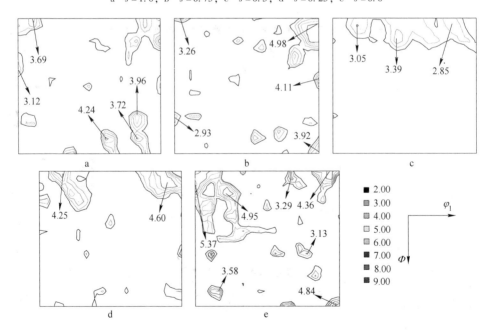

图 7-10 常化板沿厚度方向各层 $\varphi_2 = 45°$ ODF 截面图

a—s = 1.0；b—s = 0.75；c—s = 0.5；d—s = 0.25；e—s = 0.0

1.0 ~ 0.75）织构组分主要集中在 $\{001\}\langle110\rangle$ 和 $\{110\}\langle001\rangle$ 附近，$\{001\}$ $\langle110\rangle$ 织构取向密度为 $f(g) = 3.69$，$s = 0.75$ 层 $\{001\}\langle110\rangle$ 织构密度为 $f(g) = 3.26$，$\{110\}\langle001\rangle$ 取向密度为 $f(g) = 3.92$。$s = 0.5$ 层织构重新集中在 $\{001\}\langle0vw\rangle$，织构组分比较集中，强点为沿轧向旋转约 $10°$ 的近 $\{001\}$ $\langle001\rangle$，取向密度为 $f(g) = 3.39$。常化板中心区域织构仍存在较强 $\{001\}$ // ND 织构，但逐渐向 α 纤维织构组分过渡。在 $s = 0.0$ 层织构分布比较漫散，织构组分较多，强点位于 $\{001\}\langle001\rangle$ 附近，取向密度为 $f(g) = 5.37$，并出现较强的 $\{110\}\langle001\rangle$，取向密度为 $f(g) = 4.84$。

图 7-11 示出冷轧板沿厚度方向各层 $\varphi_2 = 45°$ ODF 截面图。由图可知，冷轧过程中晶粒逐渐沿 $\langle110\rangle$//RD 和 $\langle111\rangle$//ND 方向旋转，形成 α 和 γ 纤维织构，其中 α 纤维织构取向密度明显高于 γ 纤维织构，γ 纤维织构主要集中在 $\{111\}\langle110\rangle$ 组分。其中表层仍然残留部分 $\{001\}\langle001\rangle$ 织构组分，1/4 层和心部 $\{001\}\langle001\rangle$ 已经基本消失。冷轧织构强点集中在 $\{112\}$ ~ $\{223\}\langle110\rangle$，表层强点密度为 $f(g) = 15.49$，1/4 层强点密度为 $f(g) = 16.10$，心部强点密度为 $f(g) = 10.59$。

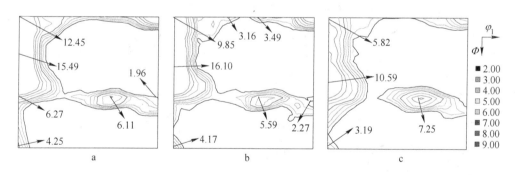

图 7-11　冷轧板沿厚度方向各层 $\varphi_2 = 45°$ ODF 截面图

a—$s = 1.0$；b—$s = 0.75$；c—$s = 0.5$

图 7-12 示出脱碳退火板沿厚度方向各层 $\varphi_2 = 45°$ ODF 截面图。由图 7-12 可知，脱碳退火板沿厚度方向各层织构组分仍主要由 γ 纤维织构和近 α 纤维织构组成，但与冷轧织构相比织构强度减弱。退火板中 α 纤维织构位向沿法向（ND）旋转近 $20°$，强点位于在 $\{114\}\langle148\rangle$，而 γ 纤维织构集中在 $\{111\}$ $\langle112\rangle$ 组分。对比发现退火织构强度由表层向中心层逐渐增强，织构位向更

加准确，表层强点位于{114}〈148〉，取向密度为 $f(g) = 4.40$，次强点位于 {111}〈112〉，取向密度为 $f(g) = 4.36$。在 1/4 层织构逐渐向 γ 纤维织构组分转变，强点位于{111}〈112〉，取向密度分别为 $f(g) = 5.76$ 和 $f(g) = 5.63$。中心层织构最强，织构主要集中在 γ 纤维织构中的{111}〈112〉组分，取向密度为 $f(g) = 6.23$。

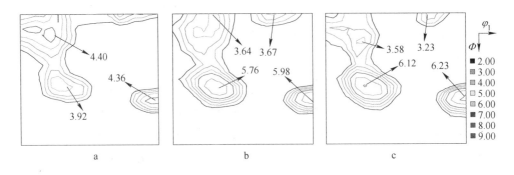

图 7-12　脱碳退火板沿厚度方向各层 $\varphi_2 = 45°$ ODF 截面图

a—$s = 1.0$；b—$s = 0.5$；c—$s = 0.0$

7.2.3　抑制剂演变行为研究

图 7-13 ~ 图 7-16 示出铸带、热轧板、常化板和脱碳退火板中析出物的 TEM 照片和 EDS 分析图。

图 7-13 示出铸带坯中析出物的特征，可知，铸带中析出物数量较少，析出物尺寸较大，形状不规则，分布很不均匀。其中粗大析出物尺寸约为 1 ~

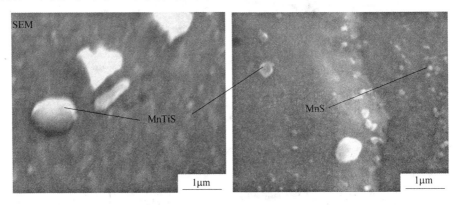

图 7-13　铸带中析出物 SEM 照片

1.5μm，较小析出物尺寸约为 100～150nm。

图 7-14 示出热轧板中析出物的特征。可知，铸带坯经过热轧处理后，热轧板中析出物数量比铸带坯中明显增多，主要沿晶界和位错位置析出，尺寸细小，多呈椭球状，尺寸为 30～50nm，分布十分均匀。另外，还发现了一些较大尺寸的析出物，呈球状，尺寸约为 150～200nm，但并未发现铸带中出现的十分粗大的 MnTiS。

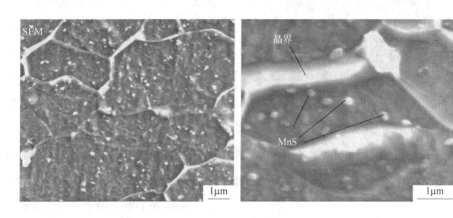

图 7-14 热轧板中析出物 SEM 照片

图 7-15 示出常化板中析出物的特征。可知，热轧板在常化处理过程中析出物数量继续增加，析出物多呈椭球状，多沿晶界与位错位置析出，小尺寸约为 30～50nm，大尺寸约为 150～200nm。

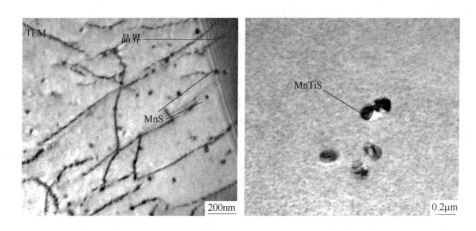

图 7-15 常化板中析出物 TEM 照片

图 7-16 示出脱碳退火板中析出物的特征。可知，脱碳退火板中析出物较多，分布比较均匀与常化板中析出物种类差别不大。析出物尺寸较小，多为球状，其中大部分析出物比较细小，尺寸小于 50nm，部分较大尺寸析出物约为 100nm 左右。析出相在位于晶界位置，再结晶过程中钉扎晶界的运动，起到抑制晶粒长大的作用。

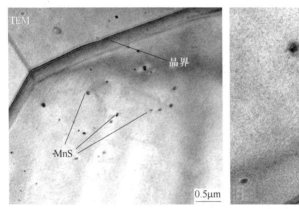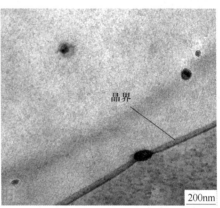

图 7-16　脱碳退火板中析出物 TEM 照片

7.3　本章小结

本节深入研究了双辊连铸条件下 Hi-B 取向硅钢的组织、织构和抑制剂演变行为及规律，主要研究进展如下：

（1）设计出了适用于薄带连铸流程的 Hi-B 取向硅钢合金成分体系；

（2）揭示了组织、织构、抑制剂的演变行为及调控原理；

（3）找到了关键工艺控制窗口，并成功制备出原型钢薄带；

（4）证明采用一步冷轧法制备 Hi-B 取向硅钢是可行的，为薄带连铸硅钢产业化提供了技术原型。

8 基于全过程全铁素体的成分设计及一阶段冷轧法制备取向硅钢的探索研究

在传统的生产流程条件下，γ/α 相变过程对于控制取向硅钢的抑制剂至关重要，加入一定含量的碳元素是必需的。但是，在后期生产过程还需要对冷轧板进行脱碳处理。所以，炼钢时加入碳元素与后续脱碳之间存在一个天然的矛盾。在薄带连铸亚快速凝固条件下基于超低碳的成分设计，探索研究全流程铁素体基体条件下抑制剂的调控机理，有望提供一种可省去脱碳退火工序的更短流程、更低成本的取向硅钢制造新流程。这种新流程较之基于传统成分设计的取向硅钢薄带连铸制造流程更具发展和应用前景。

课题组在实验室条件下开展了基于全过程全铁素体的成分设计及一阶段冷轧法制备取向硅钢的探索研究。本章详细论述了各工序的组织、织构及抑制剂的演变特征。

8.1 实验方法与过程

实验材料采用 RAL 实验室的等径双辊铸轧机铸轧 $w(Si) = 3\%$ 取向硅钢薄带，带厚为 2.3mm，铸带出辊后喷水冷却。本实验设计的工艺路线为：薄带连铸→常化处理→酸洗→一次冷轧→初次再结晶退火→涂覆 MgO→高温退火。

取 15mm × 10mm 的试样进行显微组织观察，试样在 240 号、400 号、800 号、1200 号、1500 号（水磨）的耐水砂纸磨平后，在机械抛光机上使用 W2.5 水溶性研磨膏进行抛光，采用 4% 硝酸酒精溶液腐蚀，借助于金相显微镜对试样进行显微组织观察，选择 RD × ND 平面作为微观组织观察面（RD 为轧向，ND 为轧制面的法向，TD 为垂直于轧制方向的横向）。本章主要对铸带、常化带、冷轧带和初次再结晶退火带进行金相分析，并利用截线法测量晶粒尺寸。取 22mm × 20mm 的试样，经过 240 号、400 号、800 号、1200 号、1500 号砂纸磨平后，用稀盐酸进行去应力腐蚀。腐蚀去掉试样表面的变形层后在 X 射线衍射仪上进行分析检测，选择 RD×TD 平面作为宏观织构的观察面。检测试样沿厚度方向不同层面（$s=0.0\sim1.0$）的织构时，从表层往中心依次进行检测。检测完当前层面后，经过 240 号、400 号、800 号、1200号、1500 号砂纸磨至下一层相应厚度，去应力腐蚀后进行检测，直至检测完全。本章主要对铸带、一次冷轧带和初次再结晶退火带进行宏观织构分析。取 15mm×10mm 的试样进行显微组织观察，试样在 240 号、400 号、800 号、1200 号、1500 号（水磨）的耐水砂纸磨平后，在机械抛光机上使用 W2.5 水溶性研磨膏进行抛光，采用 4% 硝酸酒精溶液腐蚀，借助于扫描电镜对试样进行抑制剂形貌观察，并使用附带能谱仪进行抑制剂能谱分析，选择 RD×ND 平面作为观察面。本章主要对铸带、常化带和初次再结晶退火带进行抑制剂形貌及能谱分析。

8.2 结果分析与讨论

8.2.1 组织演变规律研究

如图 8-1 所示为取向硅钢铸带初始凝固组织。可以看出，由于采用超低碳薄带连铸工艺，铸带组织全部为铁素体晶粒组成。其中表面为激冷等轴晶粒，晶粒较小，平均晶粒尺寸为 126.92μm；次表层为粗大的柱状晶粒，平均晶粒尺寸为 184.75μm；中心层为细小等轴晶粒，晶粒尺寸为 121.22μm。全断面平均晶粒尺寸为 179.48μm，主要为柱状晶组织。

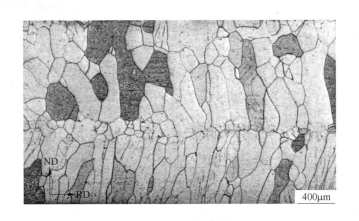

图 8-1 铸带的显微组织

　　熔池过热度对凝固固相前沿的温度梯度有重要影响，过热度是决定凝固组织最重要的因素之一。本实验中，熔池内的过热度较高，因此，凝固早期阶段固相前沿的温度梯度满足部分具有 {001} 取向的δ铁素体晶粒的选择性生长条件，柱状晶开始形成。在凝固最后阶段，{001} 取向晶粒的凝固前沿温度梯度仍满足选择性生长条件，即形成柱状晶组织。薄带连铸过程中，沿铸带厚度方向存在温度梯度，与铸辊直接接触的铸带表层冷却速度较大，凝固过程中易形成细小的等轴晶粒，越往中心层冷却速度越慢，晶粒尺寸也相应地增大，凝固到中心层时温度梯度消失，均匀形核形成等轴晶。所以产生了表层和心部为细小等轴晶，次表层为粗大柱状晶的显微组织。

　　如图 8-2 所示为取向硅钢常化带的显微组织。由图看出，常化带组织与铸带组织差异不大，主要由粗大的铁素体晶粒组成，平均晶粒尺寸为 148.28μm。因为在常化处理的加热和保温过程中主要发生晶粒内部的回复，仅有少数储能较高的晶粒发生了再结晶。常化处理的主要目的是使固溶在铁素体中的抑制剂均匀析出。

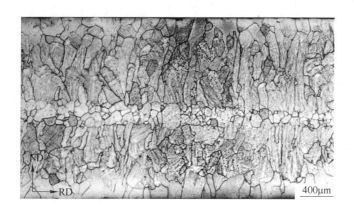

图 8-2　常化带的显微组织

　　如图 8-3 所示为取向硅钢冷轧带的显微组织。常化带经一次大压下率冷轧后，所有晶粒都发生了剧烈的轧制塑性变形，使晶粒沿轧向剧烈拉长，形成型变纤维组织。其晶界间距小，晶界平直，几乎平行于轧向。因为冷轧带中晶粒位向不一，晶粒变形不均匀，导致硝酸酒精腐蚀深度不同，出现了颜色的差别。具有α织构取向的晶粒变形较均匀，晶粒内部比较光滑，腐蚀颜色浅；γ织构取向的晶粒变形集中，晶粒内部比较粗糙，腐蚀颜色深。

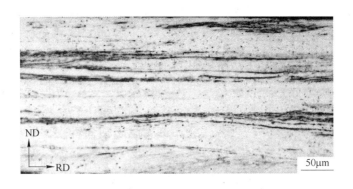

图 8-3　冷轧带的显微组织

冷轧后为典型的轧制变形组织，由于发生了不均匀变形，在粗糙晶粒的内部存在许多亚结构，冷轧储能大，可以为初次再结晶提供充足的动力，形成细小的再结晶晶粒。此外，冷轧中剧烈的剪切变形形成大量形变带，高斯晶核即发源于此，在初次再结晶退火过程中在形变带之间的过渡带中形核长大，成为二次再结晶的核心。

如图 8-4 所示为取向硅钢初次再结晶退火带的显微组织，平均晶粒尺寸为 15.68μm。可见，初次再结晶退火带的初次再结晶组织较为细小但不均匀，在表层及次表层均出现了长条状粗大晶粒，最长可达 300μm，心部为细小均匀的再结晶组织。长条状大晶粒是由铸带初始凝固组织中的 $\{001\}\langle 0vw \rangle$ 取向粗大晶粒遗传下来的，其织构类型十分稳定，很难发生再结晶，对二次再结

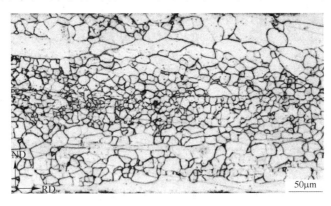

图 8-4　初次再结晶退火带的显微组织

晶不利。心部由于在初次再结晶退火过程中抑制剂粒子对晶界的钉扎作用，形成了细小的等轴晶。

如图 8-5 所示为取向硅钢高温退火低倍组织。可以看到，高温退火板中只发生了部分二次再结晶，未得到完善的二次再结晶组织。

图 8-5　高温退火带的低倍组织

8.2.2　织构演变规律研究

如图 8-6 所示为铸带沿厚度方向各层 $\varphi_2 = 45°$ 的 ODF 截面图。由图 8-6 可知，铸带沿厚度方向各层织构主要为 $\{100\}\langle 0vw\rangle$ 组分，各层织构组分的分布特征为：（1）表层（$s = 1.0$）$\{100\}\langle 0vw\rangle$ 织构附近强度最高，强点在沿 RD 方向旋转 10° 的不准确 $\{100\}\langle 100\rangle$ 位向，取向密度为 $f(g) = 3.79$；（2）亚表层（$s = 0.75$）织构减弱，主要集中在 $\{100\}\langle 0vw\rangle$ 附近，但出现了一定强度的位向不准确的高斯织构，其取向密度为 $f(g) = 2.81$；（3）1/4 层（$s = 0.5$）$\{100\}\langle 0vw\rangle$ 组分增强，$\{100\}\langle 001\rangle$ 附近最强，强点为 $\{100\}\langle 001\rangle$，取向密度 $f(g) = 5.16$；（4）中心层（$s = 0.25 \sim 0.0$）织构变化不明显，$\{100\}\langle 0vw\rangle$ 组分强度仍较高，强点位于 $\{100\}\langle 001\rangle$ 组分。

如图 8-7 所示为铸带沿厚度方向各层 $\varphi_2 = 45°$ α 织构和 γ 织构取向线密度分布图。由图 8-7 可知，铸带沿厚度方向各层的 α 织构均有一定强度，且集中在 $\{100\}\langle 110\rangle$ 附近；厚度方向各层的 γ 织构则较弱，分布均匀，但在 1/4 层有向 $\{111\}\langle 112\rangle$ 聚集的趋势。

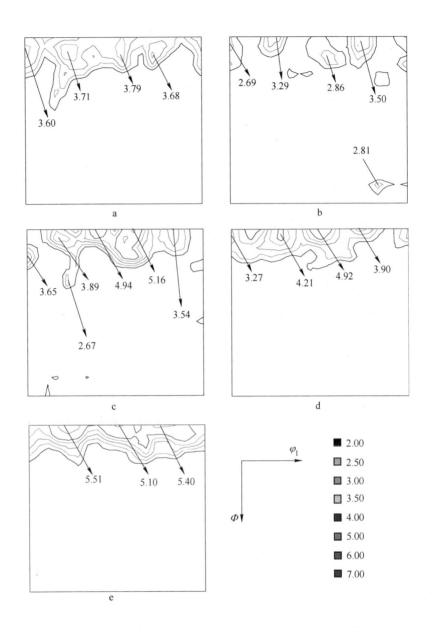

图 8-6 铸带 $\varphi_2 = 45°$ ODF 截面图

a—s = 1.0；b—s = 0.75；c—s = 0.5；d—s = 0.25；e—s = 0.0

铸带各层较强的 $\{100\}\langle 0vw\rangle$ 织构是钢液在凝固过程中形成的，是典型的初始凝固织构，因此其在铸带中强度高，分布广。由于薄带连铸的工艺特点，铸带在凝固的同时也承受一定的轧制变形，因此铸带中存在少量的 α 和 γ 形变织构，同时产生了部分形变带。

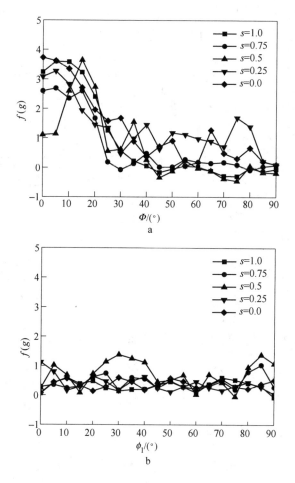

图 8-7　铸带各层 $\varphi_2 = 45°$ 取向密度分布图

a—α 织构；b—γ 织构

　　如图 8-8 所示为冷轧带沿厚度方向各层 $\varphi_2 = 45°$ 的 ODF 截面图。可以看出，沿冷轧带厚度方向织构强度均较高，且分布较为集中，主要为 $\{100\}\langle 0vw\rangle$ 组分，α 织构组分及 γ 织构组分。沿厚度方向各层织构组分的分布特征为：（1）表层（$s = 1.0$）织构强度最高，强点位于 $\{100\}\langle 110\rangle$ 组分，强点处取向密度达 $f(g) = 25.3$，同时有高强度的 α 织构和沿 ND 方向偏转约 10° 的不准确 α 织构组分，γ 织构强点位于 $\{111\}\langle 112\rangle$ 和 $\{111\}\langle 110\rangle$，$\{111\}$ $\langle 110\rangle$ 组分取向密度 $f(g) = 3.94$；（2）1/4 层（$s = 0.5$）织构分布与表层相似，$\{100\}\langle110\rangle$组分和 α 织构组分强度较高，γ 织构强点转为$\{111\}\langle110\rangle$，其取向密度 $f(g) = 5.90$；（3）中心层（$s = 0.0$）γ 织构组分有所减弱，强点明显集中于$\{111\}\langle110\rangle$，取向密度 $f(g) = 5.57$。

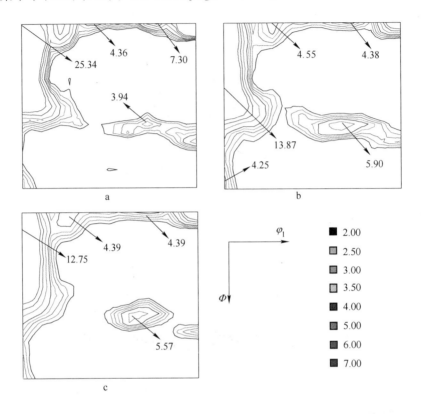

图 8-8　冷轧带 $\varphi_2 = 45°$ ODF 截面图

a—$s = 1.0$；b—$s = 0.5$；c—$s = 0.0$

如图 8-9 所示为冷轧带沿厚度方向各层 $\varphi_2 = 45°$ α 织构和 γ 织构取向线密度分布图。由图 8-9 可知，冷轧带沿厚度方向各层的 α 织构强度均较高，尤表层最高，γ 织构中的$\{111\}\langle110\rangle$组分最强。这是由于取向硅钢大压下率冷轧过程中强烈的塑性变形，导致晶粒沿轧向剧烈伸长并发生晶粒转动，形成了典型的 α 和 γ 形变纤维织构，其中较强的$\{100\}\langle110\rangle$组分是铸带中原始的$\{100\}\langle110\rangle$凝固织构遗传下来所致。γ 织构中的$\{111\}\langle110\rangle$组分冷轧储能高，较$\{111\}\langle112\rangle$组分更稳定，因此大压下率冷轧的 γ 织构组分集中在$\{111\}\langle110\rangle$附近。

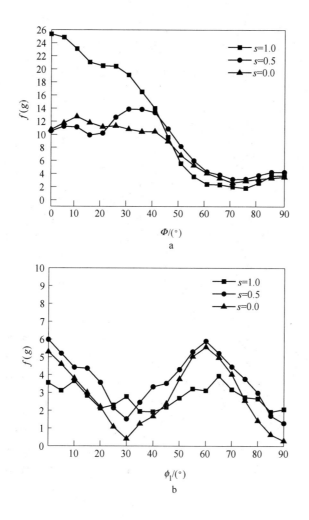

图 8-9　冷轧带各层 $\varphi_2 = 45°$ 取向密度分布图

a—α 织构；b—γ 织构

如图 8-10 所示为初次再结晶退火带沿厚度方向各层 $\varphi_2 = 45°$ ODF 截面图。可以看出，初次再结晶退火带沿厚度方向各层织构分布较为集中且强度较高。沿厚度方向各层织构组分的分布特征为：（1）表层（$s = 1.0$）主要为 $\{100\}\langle 0vw \rangle$ 组分，α 织构组分及 γ 织构组分。强点位于 $\{114\}\langle 110 \rangle$ 组分，取向密度 $f(g) = 7.07$，$\{100\}\langle 110 \rangle$ 组分也具有较高强度。γ 织构强点集中于 $\{111\}\langle 112 \rangle$，取向密度 $f(g) = 5.83$；（2）1/4 层（$s = 0.5$）主要为 γ 织构，少量 $(100)\langle 0vw \rangle$ 组分及 $\{114\}\langle 148 \rangle$ 组分。γ 织构强点进一步集中于 $\{111\}$

〈112〉组分，取向密度 $f(g)$ = 9.41；（3）中心层（s = 0.0）主要为 γ 织构，不准确的 {114}〈148〉组分及少量 α 织构组分。其中有沿 RD 方向旋转的不准确 {100}〈0vw〉组分，γ 织构强点仍集中于 {111}〈112〉组分，取向密度 $f(g)$ = 6.25。

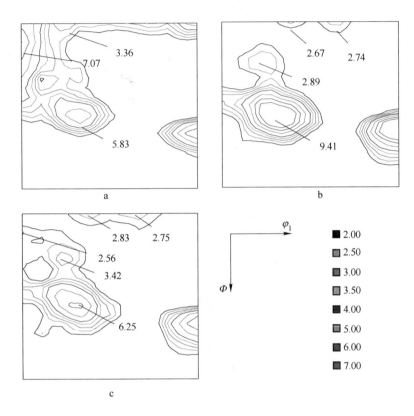

图 8-10　初次再结晶退火带 φ_2 = 45° ODF 截面图

a—s = 1.0；b—s = 0.5；c—s = 0.0

　　如图 8-11 所示为初次再结晶退火带沿厚度方向各层 φ_2 = 45° α 织构和 γ 织构取向线密度分布图。由图 8-11 可知，初次再结晶退火带表层 α 织构较强，位向集中在 {100}〈110〉附近，1/4 层和心部较弱。初次再结晶退火带沿厚度方向各层均有一定强度的 γ 织构，且位向明显集中在 {111}〈112〉组分，尤其是 1/4 层。因为冷轧中形成大量的 {111}〈110〉组分储能高，这些 {111}位向晶粒经过初次再结晶退火后优先发生再结晶形成 γ 织构，这可以通过再结晶织构的定向形核理论解释。初次再结晶退火过程中 {111}〈110〉组分和

{111}⟨112⟩组分在再结晶时是相互竞争的关系，且{111}⟨112⟩组分比{111}⟨110⟩组分有更强的发展趋势，同时 Si 元素的作用也加强了{111}⟨112⟩组分的形成，因此，初次再结晶退火后 γ 纤维织构组分集中在{111}⟨112⟩。在初次再结晶退火过程中 α 织构沿法向旋转转到(114)⟨148⟩组分的位置，因此有少量{114}⟨148⟩。{111}⟨112⟩组分可以与 Goss 晶粒形成 Σ9 重位点阵关系，有利于 Goss 晶粒在二次再结晶时发生异常长大。

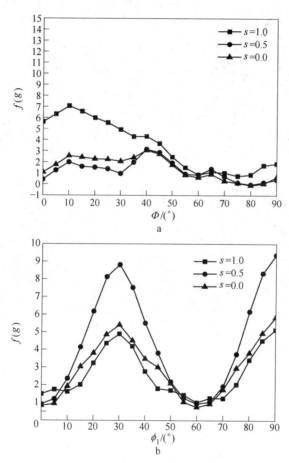

图 8-11   初次再结晶退火带各层 $\varphi_2 = 45°$ 取向密度分布图

a— α 织构；b—γ 织构

8.2.3   抑制剂演变规律研究

如图 8-12 所示为铸带的抑制剂 SEM 照片和能谱分析。由图 8-12 可知，铸带中析出的抑制剂粒子数量较多，尺寸较小，形状多为球形，有聚集析出现象。抑制剂粒子尺寸约为 20~80nm。由能谱分析可知抑制剂粒子主要以 MnS 和 AlN 复合析出为主。在薄带连铸过程中，铸带出辊后采用的喷水冷却速度较慢，因此抑制剂有一定的析出时间，铸带中多为细小弥散的抑制剂粒子。

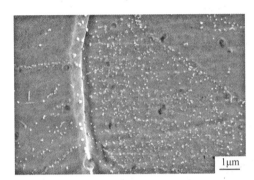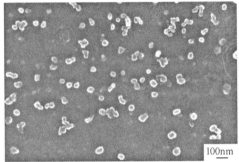

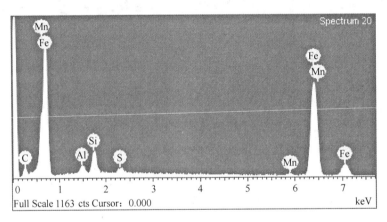

图 8-12　铸带中抑制剂析出的 SEM 照片和能谱分析

如图 8-13 所示为常化带的抑制剂 SEM 照片和能谱分析。由图 8-13 可知，常化带中析出的抑制剂粒子进一步增加，较大的析出粒子尺寸约为 90nm，较小的析出粒子尺寸约为 10nm，多呈球形，有聚集析出的现象。由能谱分析可知，椭球状粒子主要为 MnS 和 AlN 复合析出。常化处理过程可以促进固溶状态的抑制剂形成元素继续析出，形成 10nm 左右的较为分散的抑制剂粒子，90nm 左右的粒子为铸带中原有的析出物在常化过程中发生粗化形成的。这种细小弥散析出的抑制剂粒子能够在后续的冷轧过程中钉扎位错的运动，提高硬化率，增加变形储能，在初次再结晶退火过程中阻碍再结晶晶粒的正常长大，为二次再结晶提供有利条件。

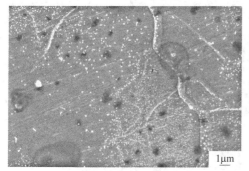 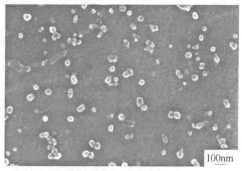

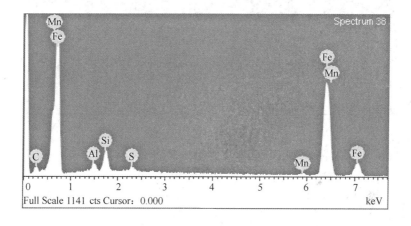

图 8-13　常化带中抑制剂析出的 SEM 照片和能谱分析

如图 8-14 所示为初次再结晶退火带的抑制剂 SEM 照片和能谱分析。由图 8-14 可知，初次再结晶退火带中存在大量的抑制剂粒子，且分布细小均匀，粒子形貌与常化带相似，均为椭球形。其中较小的粒子尺寸约为 30nm，较大粒子尺寸约为 100nm。由能谱分析可知，抑制剂粒子主要为 MnS 和 AlN 复合析出。初次再结晶退火处理的目的是完成初次再结晶，形成含有一定数量高斯晶核的细小均匀的初次再结晶晶粒，为二次再结晶做准备。图中的抑制剂粒子在钢带中弥散分布，初次再结晶退火过程中可以有效钉扎晶界的运动，阻碍初次再结晶晶粒正常长大。

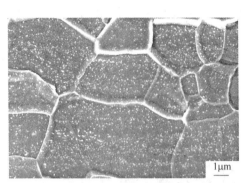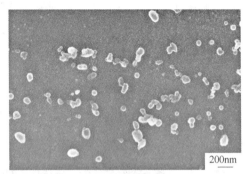

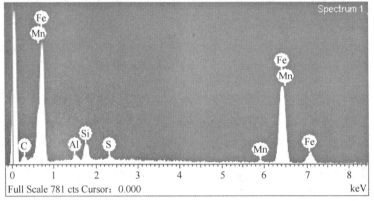

图 8-14 取向硅钢初次再结晶退火带中抑制剂析出的 SEM 照片和能谱分析

8.3 本章小结

（1）初次再结晶退火后组织不均匀，仍保留着一些粗大拉长的 λ 取向的晶粒，这种不均匀的初次再结晶组织对高斯晶粒的二次再结晶是不利的。

（2）初次再结晶退火后形成了强烈的 {111}⟨112⟩ 再结晶织构以及明显的 {114}⟨148⟩ 织构和 λ 织构。

（3）抑制剂粒子主要为 MnS 和 AlN 复合析出。铸带中抑制剂粒子数量较多，粒子尺寸约 20~60nm，常化后抑制剂粒子数量增加，分布较均匀，部分粒子尺寸略有增加。初次再结晶退火带中抑制剂粒子细小弥散分布，粒子尺寸约为 30~70nm。

（4）高温退火后，在高温退火板中只发生了部分二次再结晶，未得到完善的二次再结晶组织。

⑨ 基于全过程全铁素体的成分设计及两阶段冷轧法制备取向硅钢的探索研究

第8章的研究工作表明：初次再结晶组织的不均匀性是基于全过程全铁素体的成分设计制备取向硅钢的最大瓶颈。为此，课题组采用了两阶段冷轧法，很好地解决了这个问题，并成功制备出普通取向硅钢原型钢。本章将重点论述两阶段冷轧法制备取向硅钢各工序的组织、织构及抑制剂析出的演变特征。

9.1 实验方法与过程

实验材料采用 RAL 实验室的等径双辊铸轧机铸轧 $w(Si) = 3\%$ 取向硅钢薄带，带厚 2.3mm，铸带出辊后喷水冷却。本实验设计的工艺路线为：薄带连铸→常化处理→酸洗→一次冷轧→中间退火→二次冷轧→初次再结晶退火→涂覆 MgO→高温退火。

取 15mm × 10mm 的试样进行显微组织观察，试样在 240 号、400 号、800 号、1200 号、1500 号（水磨）的耐水砂纸磨平后，在机械抛光机上使用 W2.5 水溶性研磨膏进行抛光，采用 4% 硝酸酒精溶液腐蚀，借助于金相显微镜对试样进行显微组织观察，选择 RD × ND 平面作为微观组织观察面。本章主要对铸带、常化带、一次冷轧带、中间退火带、二次冷轧带和初次再结晶退火带进行金相分析，并利用截线法测量晶粒尺寸。取 22mm × 20mm 的试样，经过 240 号、400 号、800 号、1200 号、1500 号砂纸磨平后，用稀盐酸进行去应力腐蚀。腐蚀去掉试样表面的变形层后在 X 射线衍射仪上进行分析检测，选择 RD × TD 平面作为宏观织构的观察面。检测试样沿厚度方向不同层面（$s = 0.0 \sim 1.0$）的织构时，从表层往中心依次进行检测。检测完当前层面后，经过 240 号、400 号、800 号、1200 号、1500 号砂纸磨至下一层相应厚度，去应力腐蚀后进行检测，直至检测完全。本章主要对铸带、第一次冷轧带、中间退火带、第二次冷轧带和初次再结晶退火带进行宏观织构分析。取 15mm×10mm 的试样进行显微组织观察，试样在 240 号、400 号、800 号、1200 号、1500 号（水磨）的耐水砂纸磨平后，在机械抛光机上使用 W2.5 水溶性研磨膏进行抛光，采用 4% 硝酸酒精溶液腐蚀，借助于扫描电镜对试样进行抑制剂形貌观察，并使用附带能谱仪进行抑制剂能谱分析，选择 RD × ND 平面作为观察面。本章主要对铸带、常化带、中间退火带和初次再结晶退火带进行抑制剂形貌及能谱分析。

9.2 结果分析与讨论

9.2.1 组织演变规律研究

由于本章中铸轧和常化工艺与第 8 章相同，故铸带和常化带的组织也相同。因此，在这里只作简要说明，不再赘述。

铸带的初始凝固组织全部为铁素体晶粒组成。其中表面为激冷等轴晶粒，晶粒细小，次表层为粗大的柱状晶粒，中心层为细小等轴晶粒。

常化带组织与铸带组织差异不大，主要由粗大的铁素体柱状晶粒组成。

如图 9-1 所示为取向硅钢第一次冷轧带的显微组织。可以看到，常化带经第一次冷轧后铁素体晶粒发生了剧烈的轧制变形，晶粒沿轧向拉长。由于采用中等压下率，部分形变晶粒仍然可以看到原有的晶界，但比较模糊。与一次大压下冷轧相似，由于一些晶粒的不均匀变形，其腐蚀后颜色较深。一些晶粒变形不够剧烈，故腐蚀后颜色较浅。

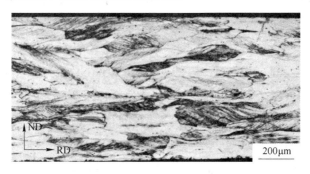

图 9-1 第一次冷轧带的显微组织

如图9-2所示为取向硅钢中间退火带的显微组织。中间退火过程中，形变铁素体晶粒发生再结晶，组织明显细化，平均晶粒尺寸为 20.11μm，但不均匀，这是由于第一次冷轧过程中不同取向的晶粒形变量不同，冷轧储能不同，导致再结晶晶粒长大的动力有差异。一般情况下，变形量大的晶粒储能高，再结晶动力充足，晶粒大；变形量小的晶粒储能较低，再结晶动力较小，晶粒小。中间退火可以明显细化组织，优化织构特征，还可以增加抑制剂析出，为初次再结晶形成细小晶粒创造有利条件。

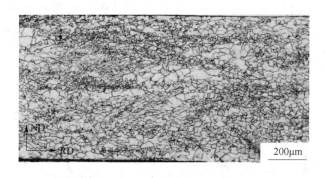

图9-2 中间退火带的显微组织

如图9-3所示为取向硅钢第二次冷轧带的显微组织。由图9-3可知，第二次冷轧后组织仍为剧烈变形的纤维组织，但比第一次冷轧晶粒形变更严重，晶粒剧烈拉长呈纤维状，晶界近乎平行于轧向。与一阶段冷轧相比，两阶段第二次冷轧后晶粒较短，晶界较为清晰，由于中间退火后组织细化，晶界增多。此外，钢带内部发生回复和再结晶，晶内位错大幅度减少，加工硬化消

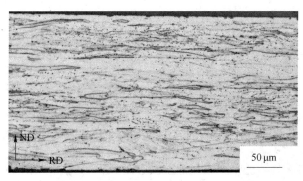

图9-3 第二次冷轧带的显微组织

除。虽然第二次冷轧仍然采用中等压下率，但因晶粒更多且更容易发生塑性变形，故形变较剧烈，产生了更多的形变带，有利于高斯晶核的形成。

如图9-4所示为取向硅钢初次再结晶退火带的显微组织。由图9-4可知，初次再结晶退火带组织均为细小均匀的初次再结晶铁素体晶粒，平均晶粒尺寸约为 10.22μm。在初次再结晶退火过程中，第二次冷轧带发生初次再结晶，细小弥散分布的抑制剂强烈阻碍晶粒的正常长大，再结晶结晶粒细小。这种均匀细小的再结晶组织对高斯晶粒的二次再结晶十分有利。在高温退火过程中，由于高斯晶粒与周围晶粒形成重位点阵晶界，率先脱离抑制剂的钉扎，吞并周围晶粒发生异常长大。因此，初次再结晶退火后晶粒越细，在二次再结晶过程中越容易被高斯晶粒吞并，形成单一的高斯取向。

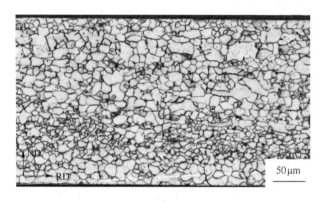

图9-4　初次再结晶退火带的显微组织

如图9-5所示为取向硅钢高温退火低倍组织。由图9-5可知，经过高温退

图9-5　高温退火低倍组织

火后，取向硅钢发生了二次再结晶，得到了完善的二次再结晶组织，晶粒尺寸达 $10 \sim 60mm$，磁感指标 B_8 达到 $1.81 \sim 1.84T$。

9.2.2 织构演变规律研究

由于本章中铸轧工艺与第 8 章相同，故铸带织构也相同。因此，在这里只作简要说明，不再赘述。

铸带沿厚度方向各层织构主要为 $\{100\}\langle 0vw \rangle$ 组分，在亚表层形成了一定强度的位向不准确的高斯织构。各层均有较低强度的 α 织构，集中在 $\{100\}\langle 110 \rangle$ 附近，各层的 γ 织构则较弱，分布均匀，但在 1/4 层有向 $\{111\}\langle 112 \rangle$ 聚集的趋势。

如图 9-6 所示为第一次冷轧带沿厚度方向各层 $\varphi_2 = 45°$ 的 ODF 截面图。可以看出，第一次冷轧带沿厚度方向各层织构均较强，且分布集中。主要为

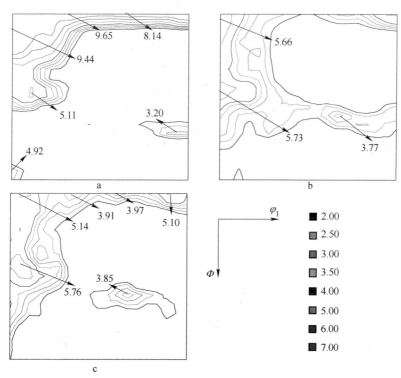

图 9-6　第一次冷轧带 $\varphi_2 = 45°$ ODF 截面图

a—$s = 1.0$；b—$s = 0.5$；c—$s = 0.0$

$\{100\}\langle 0vw\rangle$ 组分，α 织构组分及 γ 织构组分。沿厚度方向各层织构组分的分布特征为：（1）表层（$s=1.0$）织构强度最高，集中在 $\{100\}\langle 110\rangle$ 组分附近，强点位于 $\{114\}\langle 110\rangle$ 位向的 α 织构，取向密度为 $f(g)=9.44$，此外还有高强度的 $\{100\}\langle 0vw\rangle$ 组分。γ 织构强度较低，集中在 $\{111\}\langle 112\rangle$ 位向，取向密度为 $f(g)=3.20$，还发现了一定强度的 $\{110\}\langle 110\rangle$ 旋转高斯织构，取向密度为 $f(g)=3.20$；（2）1/4 层（$s=0.5$）织构强点位于 $\{100\}\langle 110\rangle$ 组分，取向密度为 $f(g)=5.66$。γ 织构的强点集中在 $\{111\}\langle 110\rangle$ 位向，强点处取向密度为 $f(g)=5.73$。此外还有较高强度的 α 织构组分；（3）中心层（$s=0.0$）γ 织构进一步集中在 $\{111\}\langle 110\rangle$ 位向，其余 γ 织构组分有所减弱。$\{100\}$ 组分强点位于 $\{100\}\langle 110\rangle$，取向密度 $f(g)=5.14$，α 织构组分仍较强。

如图 9-7 所示为第一次冷轧带沿厚度方向各层 $\varphi_2=45°$ α 织构和 γ 织构取

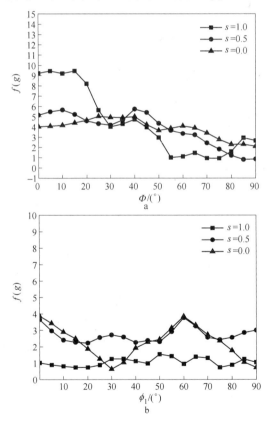

图 9-7　第一次冷轧带各层 $\varphi_2=45°$ 取向密度分布图

a—α 织构；b—γ 织构

向线密度分布图。由图 9-7 可知，一次冷轧带沿厚度方向各层都有一定强度的 α 织构，表层 α 织构的强度最高，1/4 层和中心层随之减弱。表层的 γ 织构强度较低，1/4 层和中心层 γ 织构强度有所增加，且集中于 $\{111\}\langle110\rangle$ 位向。由于第一次冷轧采用的是中等压下率，轧制形变相对较小，因此一次冷轧带中仍有较高强度的 $\{100\}\langle0vw\rangle$ 织构组分，这是原始铸带中的 $\{100\}$ 凝固织构遗传下来的。同样，由于变形量较小，α 织构的强度较一次大压下率冷轧显著降低，冷轧储能低，形成了以 $\{111\}\langle110\rangle$ 为主的低强度 γ 织构。

如图 9-8 所示为中间退火带沿厚度方向各层 $\varphi_2 = 45°$ 的 ODF 截面图。沿厚度方向各层织构组分的分布特征为：（1）表层（$s = 1.0$）织构强度最高，明显集中在 $\{100\}\langle0vw\rangle$ 织构组分，强点位于 $\{100\}\langle110\rangle$ 位向，取向密度 $f(g) = 10.69$，还有部分高强度的 $\{114\}\langle110\rangle$ 位向的 α 织构，取向密度 $f(g) = 11.94$；（2）1/4 层（$s = 0.5$）发现了较高强度的高斯织构，还有一定强度的位向不准确的高斯织构。此外还有部分 $\{111\}\langle110\rangle$ 和 $\{111\}\langle112\rangle$ 位向

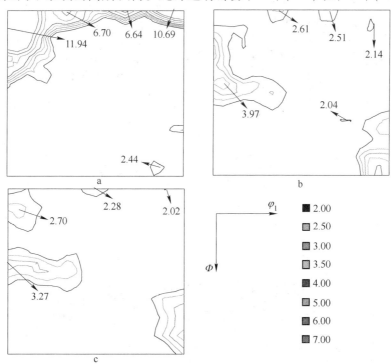

图 9-8　中间退火带 $\varphi_2 = 45°$ ODF 截面图

a—$s = 1.0$；b—$s = 0.5$；c—$s = 0.0$

的 γ 织构和 α 织构；（3）中心层（$s=0.0$）高斯织构的强度有所减弱，且转向$\{111\}\langle112\rangle$位向的 γ 织构，同时$\{111\}\langle110\rangle$组分也在转向$\{111\}\langle112\rangle$组分，α 织构减弱。

如图 9-9 所示为中间退火带沿厚度方向各层 $\varphi_2=45°$ α 织构和 γ 织构取向线密度分布图。由图 9-9 可知，中间退火带沿厚度方向各层 α 织构均较弱，仅表层$\{100\}\langle110\rangle$位向的 α 织构较强。沿厚度方向各层的 γ 织构也较弱，心部$\{111\}\langle112\rangle$组分强度有增加的趋势。与第一次冷轧相比，中间退火后 α 织构和 γ 织构的强度均有明显降低，这是由于中间退火过程中 α 和 γ 形变织构晶粒发生了回复和再结晶，改变了晶粒取向。$\{111\}\langle110\rangle$组分逐渐转向

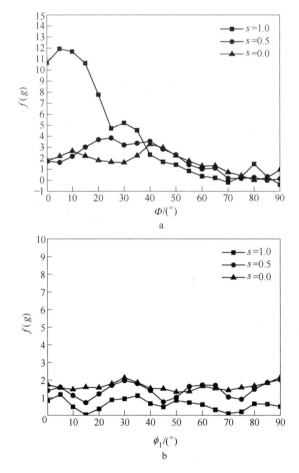

图 9-9　中间退火带各层 $\varphi_2=45°$ 取向密度分布图

a—α 织构；b—γ 织构

$\{111\}\langle 112\rangle$，这是由于 $\{111\}\langle 110\rangle$ 和 $\{111\}\langle 112\rangle$ 组分特殊的位向关系 27°$\langle 110\rangle$ 引起的。

如图 9-10 所示为第二次冷轧带沿厚度方向各层 $\varphi_2 = 45°$ 的 ODF 截面图。可以看出，二次冷轧带沿厚度方向各层的织构组分差异较大，其分布特征为：（1）表层（$s = 1.0$）主要为高强度 $\{100\}\langle 0vw\rangle$ 织构组分，强点位于 $\{100\}$$\langle 100\rangle$ 位向，取向密度 $f(g) = 8.81$，还有较高强度的 α 织构和部分 $\{111\}$$\langle 112\rangle$ 位向的 γ 织构；（2）1/4 层（$s = 0.5$）$\{100\}\langle 0vw\rangle$ 织构组分强度显著降低，γ 织构明显增强，尤以 $\{111\}\langle 112\rangle$ 织构组分最强，$\{111\}\langle 112\rangle$ 强点取向密度 $f(g) = 7.49$；（3）中心层（$s = 0.0$）$\{111\}\langle 112\rangle$ 织构组分强度稍有减弱，$\{100\}\langle 0vw\rangle$ 织构组分略有增强，α 织构强度基本不变。

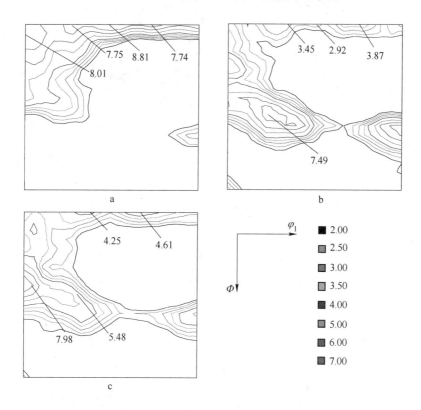

图 9-10　二次冷轧带 $\varphi_2 = 45°$ ODF 截面图

a—$s = 1.0$；b—$s = 0.5$；c—$s = 0.0$

如图 9-11 所示为第二次冷轧带沿厚度方向各层 $\varphi_2 = 45°$ α 织构和 γ 织构

取向线密度分布图。由图 9-11 可知，第二次冷轧带沿厚度方向各层均有一定强度的 α 织构，表层集中于 {100}⟨110⟩ 位向，1/4 层和中心层集中于 {111}⟨110⟩ 位向。表层的 γ 织构分布均匀，1/4 层和中心层 {111}⟨112⟩ 织构组分显著增强。由于中间退火后，钢带中回复和再结晶晶粒的织构强度低，且分布较为漫散，因此在第二次冷轧承受塑性变形时更容易形成 α 和 γ 形变织构，在形变带中存在着大量 {111}⟨112⟩ 纤维织构。

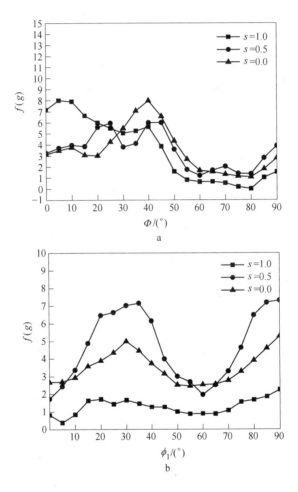

图 9-11　二次冷轧带各层 $\varphi_2 = 45°$ 取向密度分布图

a—α 织构；b—γ 织构

如图 9-12 所示为初次再结晶退火带沿厚度方向各层 $\varphi_2 = 45°$ 的 ODF 截面图。可以看出，初次再结晶退火带沿厚度方向各层织构类型有一定差异，其分布特征为：（1）表层（$s = 1.0$）有高强度的 α 织构，强点位于{111}⟨110⟩，取向密度 $f(g) = 9.25$。{100}⟨0vw⟩ 织构组分也有一定强度，强点集中于{100}⟨110⟩位向，γ 织构主要集中在{111}⟨110⟩位向；（2）1/4 层（$s = 0.5$）γ 织构显著增强，强点集中在{111}⟨110⟩位向和{111}⟨112⟩位向，{111}⟨112⟩位向取向密度为 $f(g) = 4.91$，α 织构组分明显减弱，{100}⟨0vw⟩ 织构组分完全消失；（3）中心层（$s = 0.0$）织构组分分布与 1/4 层几乎完全相同，主要为{111}⟨110⟩位向和{111}⟨112⟩位向。

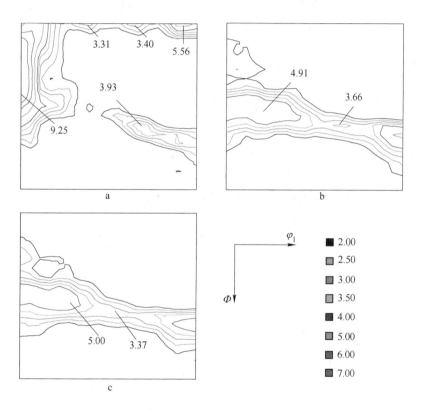

图 9-12　初次再结晶退火带 $\varphi_2 = 45°$ ODF 截面图

a—$s = 1.0$；b—$s = 0.5$；c—$s = 0.0$

　　如图 9-13 所示为初次再结晶退火带沿厚度方向各层 $\varphi_2 = 45°$ α 织构和 γ 织构取向线密度分布图。由图可知，初次再结晶退火带表层 α 织构较强，1/4 层和中心层 α 织构较弱，表层 γ 织构主要为{111}⟨110⟩组分，1/4 层和中心层 γ 织构均匀分布。

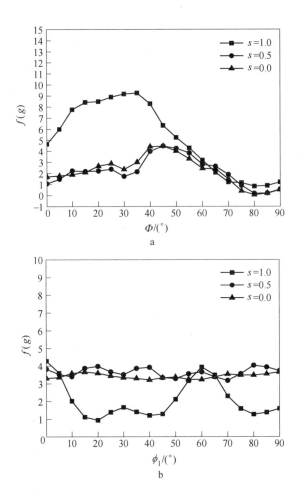

图 9-13 初次再结晶退火带各层 $\varphi_2 = 45°$ 取向密度分布图

a—α 织构；b—γ 织构

与一次大压下率冷轧法相比，两阶段冷轧法经过中间退火和第二次冷轧后，α 织构组分明显减弱，织构集中于 γ 织构组分，尤其是 {111}⟨112⟩ 组分。初次再结晶退火后表层 α 织构转向 {111}⟨110⟩，1/4 层和心部 {001}⟨0vw⟩ 织构消失，形成均匀分布的 γ 织构，{111}⟨110⟩ 和 {111}⟨112⟩ 组分均较强。而一阶段冷轧法冷轧后织构组分主要为 α 织构，伴有一定强度的 γ 织构，初次再结晶退火后主要集中于 {111}⟨112⟩ 组分。两种织构控制方案都形成了有利于高斯晶粒发生二次再结晶的 {111}⟨112⟩ 织构组分，但作用有所不同：一次大压下率冷轧在初次再结晶退火后形成高强度的 {111}⟨112⟩

织构，{111}〈112〉晶粒与高斯晶粒形成 Σ9 重位点阵关系，在后续高温退火过程中使高斯晶粒具有很高的晶界迁移率，从而可以顺利吞并周围晶粒发生异常长大，即为二次再结晶创造了有利环境。而两阶段冷轧工艺则注重于在第二次冷轧后形成大量的{111}〈112〉形变带，高斯晶核即发源于此。这样就可以在初次再结晶退火过程中获得更多的高斯晶粒，从而在高温退火过程中增加了高斯晶粒的形核位置，使二次再结晶更容易发生，即为二次再结晶提供了更多的核心。

9.2.3 抑制剂演变规律研究

由于本章中铸轧和常化工艺与第 8 章相同，故铸带和常化带的抑制剂析出规律也相同。因此，在这里只作简要说明，不再赘述。

铸带中析出的抑制剂粒子数量较多，尺寸较小，形状多为椭球形，有聚集析出现象。抑制剂粒子尺寸约为 20~50nm。抑制剂粒子主要以 MnS 和 AlN 复合析出为主。

常化带中析出的抑制剂粒子进一步增加，较大的析出粒子尺寸约为 90nm，较小的析出粒子尺寸约为 10nm，多呈椭球状，有聚集析出的现象。抑制剂粒子主要为 MnS 析出及 MnS 和 AlN 复合析出。

如图 9-14 所示为中间退火带的抑制剂 SEM 照片和能谱分析。可以看到，析出的抑制剂粒子分布较为弥散，但尺寸不均匀。较大粒子尺寸约为 100nm，较小的粒子尺寸约为 20nm。由能谱分析可知抑制剂仍为 MnS 和 AlN 复合析出。在中间退火过程中，常化处理中析出的抑制剂粒子在加热过程中部分发生粗化，因而尺寸较大。而另一部分粒子是在中间退火过程中重新析出的，所以尺寸较小。

如图 9-15 所示为初次再结晶退火带的抑制剂 SEM 照片和能谱分析。由图 9-15 可知，初次再结晶退火后析出物密度最大，抑制剂粒子析出细小弥散，但粒子尺寸有差异。粒子尺寸约为 30~60nm。与一阶段冷轧法相似，两种工艺条件下初次再结晶退火带中抑制剂析出情况良好，均可以提供具有足够抑制力的析出粒子，在初次再结晶中钉扎晶界，阻碍晶粒长大，形成细小的再结晶组织，为高斯晶粒发生二次再结晶提供了有利环境。

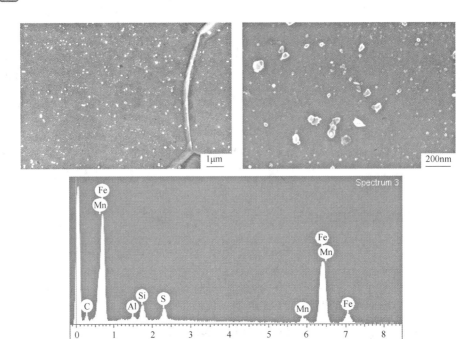

图 9-14　中间退火带中抑制剂析出的 SEM 照片和能谱分析

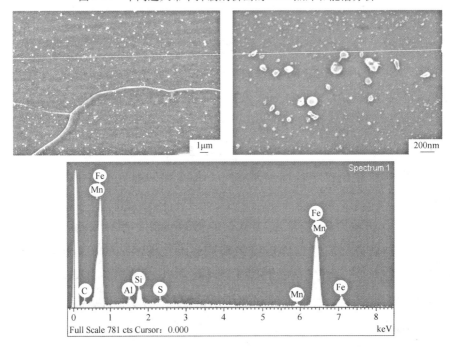

图 9-15　初次再结晶退火带中抑制剂析出的 SEM 照片和能谱分析

9.3 本章小结

（1）与一阶段冷轧法相比，两阶段冷轧法的初次再结晶组织更细且晶粒尺寸更均匀，在二次再结晶过程中容易被高斯晶粒吞并发生异常长大，更有利于形成单一的高斯织构。

（2）相比于一阶段冷轧法，两阶段冷轧后形成大量$\{111\}\langle112\rangle$形变带，获得了更多的高斯晶核，增加了形核位置，且初次再结晶后 γ 织构分布均匀，有利于二次再结晶的发生。

（3）本章中抑制剂粒子主要为 MnS 和 AlN 复合析出。两阶段冷轧法初次再结晶后抑制剂粒子密度增加，细小弥散分布，粒子尺寸约为 $30\sim60nm$，主要为 50nm 左右的粒子。

（4）经过高温退火后，发生了二次再结晶，得到了完善的二次再结晶组织，晶粒尺寸达 $10\sim60mm$，磁感指标 B_8 达 $1.81\sim1.84T$。

10 结 论

本研究报告对双辊薄带连铸硅钢制造理论与系统工艺技术进行了阐述，尽管还不够完善，不够细致，甚至存在一些有争议的论述。但是，在全工艺流程条件下，初步从组织、织构、沉淀析出相演变原理及工艺控制的角度进行了全面剖析，为形成薄带连铸高品质硅钢制造理论与系统工艺技术奠定了基础，为早日实现薄带连铸硅钢产业化生产提供了理论指导和技术原型。本工作的研究进展及创新性主要概括为以下几方面：

（1）在国际上率先建立了创新的完备的硅钢薄带连铸组织性能调控理论。课题组首次发现在独特的亚快速凝固条件下硅钢带坯的初始凝固组织、织构可控，并提出了系统调控理论和方法，满足了 NGO、GO、6.5% Si 钢对初始组织和织构类型的个性化需求，为制备高性能硅钢产品提供了前提，也为实现凝固-热轧-冷轧-热处理一体化精确组织控制奠定了基础；基于薄带连铸 NGO 硅钢独特的组织、织构遗传行为研究，提出其再结晶组织与织构的优化调控原理与方法；提出创新的 GO 硅钢成分设计和全流程铁素体基体调控抑制剂的 GO 硅钢制造新理论，建立了薄带连铸条件下高效、简易、准确的抑制剂调控原理和方法；阐明了 6.5% Si 钢的有序-无序转变行为，提出了高硅钢薄带连铸-温轧-冷轧的技术路线，改善了材料塑性。

（2）在国际上率先掌握了硅钢薄带连铸系统原型工艺技术并制备出高性能原型钢。形成了薄带连铸 NGO 硅钢的全流程原型工艺技术，可省去再加热和常化退火处理工序，成功制备出高性能原型钢，磁性能尤其是磁感指标显著优于国内外现有产品，为高效 NGO 硅钢薄带连铸产业化生产提供了技术原型；形成了薄带连铸 GO 硅钢的全流程原型工艺技术，彻底摆脱了高温加热、渗氮处理、脱碳退火等繁复、苛刻工序，大幅降低生产难度，简化生产流程，降低生产成本，成功制备出 CGO 和 Hi-B 硅钢原型钢，磁性能明显提高；形成了薄带连铸 6.5% Si 钢的全流程原型工艺技术，成功制备出宽度达 160mm、厚度规格为 0. 15 ~ 0. 50mm、磁性能与国外 CVD 方法产品相当的 6. 5% Si 钢薄带，使工业化生产高硅钢薄带成为可能。

东北大学 RAL 薄带连铸硅钢课题组在多个国家自然科学基金项目的资助下，提出了基于双辊薄带连铸技术生产硅钢这种高投入、高技术、高难度、高消耗、高成本的钢铁产品的新一代先进制造流程。课题组率先系统开展了硅钢薄带连铸创新制造理论研究，形成了具有自主知识产权的硅钢新一代先进制造理论和技术，填补了国际上在此领域的空白，也标志着我国的硅钢薄带连铸研究已经走在了世界前列。上述研究结果为利用薄带连铸技术工业化生产高性能硅钢奠定了理论基础，提供了技术指导。基于上述研究结果以及研究过程中开发的中试装备原型，课题组分别与沙钢、武钢合作，建设薄带连铸硅钢工业化示范生产线和高硅钢中试-生产示范线。2014 年底完成了工业化生产线的工艺设计、车间设计、机电装备设计，力争在 2015 年利用我国自主产权技术，生产出外形尺寸合格、性能大幅优于现有硅钢的高性能产品，在工业规模上实现我国对世界硅钢生产技术发展的引领，将为高性能、节约型、低成本硅钢工业化生产发挥重要的示范作用，在世界范围内拉开硅钢新一代先进制造技术革命的序幕。

参 考 文 献

[1] C. Killmore, H. Creely, A. Phillips, et al. Development of Ultra-thin Cast Strip Products by CAS-TRIP Process. AISTech 2007 Proceedings[C]. Indianapolis, USA, 2007.

[2] 赵红阳, 胡林, 李娜. 双辊薄带铸轧技术的进展及热点问题评述[J]. 鞍钢技术, 2007(6): 1~5.

[3] 邸洪双, 张晓明, 王国栋, 刘相华. 双辊铸轧薄带钢技术的飞速发展及其基础研究现状[C]. 2001 中国钢铁年会论文集, 62~68.

[4] 邸洪双, 鲍培玮, 苗雨川, 等. 双辊铸轧薄带钢实验研究及工艺稳定性分析[J]. 东北大学学报（自然科学版）, 2000, 21(3): 274~277.

[5] 潘复生, 周守则, D. V. Edmonds. 快速凝固钢带的研究现状和发展前景[J]. 材料导报, 1993(1): 16~21.

[6] 周守则, 潘复生, 丁培道. 双辊铸轧技术在高速钢中的应用研究[J]. 特钢技术, 1994(2): 44~47.

[7] 丁培道, 蒋斌, 杨春楣, 方亮. 薄带连铸技术的发展现状与思考[J]. 中国有色金属学报, 2004, 14(S1): 192~196.

[8] 潘秀兰, 王艳红, 梁慧智. 世界薄带连铸技术的最新进展[J]. 鞍钢技术, 2006(4): 12~19.

[9] 张丕军, 刘小梅. 国内外薄带连铸技术的发展及研究现状[J]. 宝钢技术, 1996(5): 14~21.

[10] 梁高飞, 方园. 双辊薄钢带-铸辊界面热流特征的研究进展[J]. 材料导报, 2006, 20(6): 85~93.

[11] A. R. Büchner. 刘立文, 译. 双辊连铸专门研究及最新成果[C]. 2001 中国钢铁年会论文集（下卷）: 47~50.

[12] 方园, 梁高飞. 高锰板带钢及其制造技术[J]. 钢铁, 2009, 44(1): 1~6, 66.

[13] 吴建春, 于艳, 王成全, 等. 薄带连铸耐大气腐蚀钢高温相变过程的原位观察[J]. 宝钢技术, 2009(4): 13~18, 40.

[14] 刘振宇, 王国栋. 钢的薄带铸轧技术的最新进展及产业化方向[J]. 鞍钢技术, 2008(5): 1~8, 22.

[15] Z Wang, L Zhang, Y Fang. The status and future development of Baosteel CC technology[J]. Baosteel Technical Research, 2007(1): 6~13.

[16] 刘海涛, 刘振宇, 邱以清, 等. Cr17 铁素体不锈钢铸轧薄带显微组织演变的控制机理[C]. 中国工程院会议, 济南, 2007.

[17] 刘振宇, 邱以清, 刘相华, 等. 薄带铸轧中的一些新的冶金学现象及铸轧产业化定位的

思考[C]. 中国工程院年会, 济南, 2007.

[18] Liu Zhongzhu, Yoshinao Kobayashi, Mamoru Kuwabara, et al. Interaction between Phosphorus Micro-Segregation and Sulfide Precipitation in Rap idly Solidified Steel2Utilization of Impurity Elements in Scrap Steel[J]. Materials Transactions, 2007, 48(12): 3079~3087.

[19] Li Na, Liu Zhenyu, Yiqing Qiu, et al. Solidification structure of low carbon steel strip with different phosphorus contents p roduced by strip casting[J]. Mater. Sci. Technol, 2006, 22(6): 755~758.

[20] Zhenyu Liu, Zhaosen Lin, Yiqing Qiu, et al. Segregation in Twin Roll Strip Cast Steels and the Effect on Mechanical Properties[J]. ISIJ International, 2007, 47(2): 254~258.

[21] 朱万军. 双辊铸轧高速钢薄带的晶粒细化[J]. 鞍山科技大学学报, 2005, 28(3—4): 216~219.

[22] 杨春楣. 硅钢双辊薄带连铸工艺及组织性能研究[D]. 重庆: 重庆大学, 2001.

[23] 易于. 硅钢双辊薄带连铸工艺组织研究[D]. 重庆: 重庆大学, 2000.

[24] 杨春楣, 周守则, 丁培道. 双辊连铸硅钢薄带研究现状[J]. 材料导报, 1999, 13(1): 24~26.

[25] 杨春楣, 丁培道, 周守则. 双辊铸轧硅钢薄带连铸工艺研究[J]. 金属成型工艺, 1998, 16(4): 22~24.

[26] 杨春楣, 甘青松, 丁培道, 等. 双辊连铸法制取3.0% Si硅钢薄带的组织与性能[J]. 重庆大学学报 (自然科学版), 2002, 25(2): 56~59.

[27] 甘青松, 周渝生, 何忠治. 双辊薄带连铸对无取向电工钢组织和性能的影响[J]. 特殊钢, 2004, 25(5): 16~18.

[28] A. R. Büchner, J. W. Schmitz. Thin-strip casting of steel with a twin-roll caster-discussion of product defects of 1 mm-Fe 6% Si-strips[J], steel research, 1992, 63: 7~11.

[29] J. Y. Park, K. H. Oh, H. Y. Ra. Microstructure and crystallographic texture of strip cast 4.3wt% Si steel sheet[J]. Scripta Mater., 1999, 40: 881~885.

[30] J. Y. Park, K. H. Oh, H. Y. Ra. Texture and deformation behavior through thickness direction in strip-cast 4.5wt% Si steel sheet[J]. ISIJ Inter., 2000, 40: 1210~1215.

[31] J. Y. Park, K. H. Oh, H. Y. Ra. The effects of superheating on texture and microstructure of Fe-4.5wt% Si steel strip by twin-roll strip casting[J]. ISIJ Inter., 2001, 41: 70~75.

[32] N. Zapuskalov. Effect of cooling operation on strip quality of 4.5% Si steel in twin-roll casting process[J]. ISIJ Inter., 1999(39), 463~470.

[33] H. Fiedler, M. Jurisch, P. Preiss, et al. Thin strip casting by a twin roller pilot plant[J]. Mater. Sci. Eng. A, 1991, 133: 671~675.

［34］ 何忠治. 电工钢［M］. 北京：冶金工业出版社，1996.

［35］ 肖丽俊，岳尔斌，仇圣桃，干勇. 双辊薄带连铸生产取向硅钢的技术分析［J］. 钢铁研究学报，2009，21（8）：1～4，40.

［36］ 小菅健司. 日本公开特许公报，1994，特开平6-31396.

［37］ Stefano Fortunati, Stefano Cicale, Giuseppe Abbruzzese. Process for the Producing of Grain-Oriented Electrical Steel Strips［P］. USA Patent：964711，2005.

［38］ Iwanaga I, Iwayama K. Method of Producing Grain-Oriented Electrical Steel Having High Magnetic Flux［P］. USA Patent：5051138，1991.

［39］ Schoen J W, Williams R S, Huppi G S. Method of Continuously Casting Electrical Steel Strip with Controlled Spray Cooling［P］. USA Patent：6739384，2004.

［40］ 孟笑影，倪思康. 用连铸薄带坯制备高取向硅钢的工艺技术试验［J］. 上海钢研，1990（5）：31，55～59.

［41］ Haitao Liu, Guodong Wang, Zhenyu Liu, et al. Solidification Structure and Crystallographic Texture of Strip Casting 3wt% Si Non-oriented Silicon Steel［J］. Materials Characterization, 2011, 62(5): 463~468.

［42］ Haitao Liu, Zhenyu Liu, Guodong Wang, et al. Microstructure and Texture Evolution of Strip Casting 3wt% Si Non-oriented Silicon Steel with Columnar Structure［J］. Journal of Magnetism and Magnetic Materials, 2011, 323(21): 2648~2651.

［43］ Haitao Liu, Zhenyu Liu, Guodong Wang, et al. Formation of $\{001\}\langle510\rangle$ recrystallization texture and magnetic property in strip casting non-oriented electrical steel［J］. Materials letters, 2012, 81(8): 65~68.

［44］ Haitao Liu, Zhenyu Liu, Guodong Wang, et al. Development of λ-fiber recrystallization texture and magnetic property in Fe-6.5 wt% Si thin sheet produced by strip casting and warm rolling method［J］. Materials letters, 2013, 91: 150~153.

［45］ Haitao Liu, Zhenyu Liu, Guodong Wang, et al. Microstructure, Texture and Magnetic Properties of Strip Casting Fe-6.2wt% Si Steel Sheet［J］. Journal of Materials Processing Technology, 2012, 212(9): 1941~1945.

［46］ Haoze Li, Haitao Liu, Zhenyu Liu, Huihu Lu, Hongyu Song, Guodong Wang. Characterization of microstructure, texture and magnetic properties in twin-roll casting high silicon non-oriented electrical steel［J］. Materials Characterization, 2014, 88: 1~6.

［47］ Haitao Liu, Zhenyu Liu, Yu Sun, et al. Microstructure and Texture Evolution of Strip Casting Fe-6.2wt% Si Steel［J］. Advanced Materials Research, 2012, 415~417: 947~950.

［48］ Hongyu Song, Huihu Lu, Haitao Liu, Guodong Wang. Investigation on Microstructure, Texture and Tensile Properties of Hot Rolled Strip Casting Grain-oriented Silicon Steel[J]. Applied Mechanics and Materials, 2013, 395~396: 297~301.

[49] Wu Shengjie, Chen Aihua, Liu Haitao, Li Hualong. Microstructure and texture evolution in twin-roll cast 3.2% Si steel sheet[J]. Baosteel BAC 2013, Shanghai, N43~46.

[50] Liu Haitao, Ma Dongxu, Cao Guangming, et al. Recent Developments of Twin-Roll Strip Casting Silicon Steels in RAL. Baosteel BAC 2010, Shanghai, J35~38.

[51] Haitao Liu, J. Schneider, Guodong Wang, et al. Fabrication of High Permeability Non-oriented Electrical Steels by Increasing 〈001〉 Recrystallization Texture Using Compacted Strip Casting Processes[J]. Journal of Magnetism and Magnetic Materials, 2015, 374: 577~586.

[52] Hongyu Song, Haitao Liu, Huihu Lu, Haoze Li, Wenqiang Liu, Xiaoming Zhang, Guodong Wang. Effect of Hot Rolling Reduction on Microstructure, Texture and Ductility of Strip-cast Grain-oriented Silicon Steel with Different Solidification Structures[J]. Materials Science & Engineering A, 2014, 605: 260~269.

[53] Hongyu Song, Huihu Lu, Haitao Liu, Haoze Li, Dianqiao Geng, R. Devesh K. Misra, Zhenyu Liu, Guodong Wang. Microstructure and Texture of Strip Cast Grain-oriented Silicon Steel after Symmetrical and Asymmetrical Hot Rolling[J]. Steel Research International, 2014, 85: 1~6.

[54] Hongyu Song, Haitao Liu, Huihu Lu, Lingzi An, Baoguang Zhang, Wenqiang Liu, Guangming Cao, Chenggang Li, Zhenyu Liu, Guodong Wang. Fabrication of Grain-oriented Silicon Steel by A Novel Way: Strip Casting Process[J]. Materials letters, 2014, 137: 475~478.

[55] Haoze Li, Haitao Liu, Zhenyu Liu, Guodong Wang. Effects of warm temper rolling on microstructure, texture and magnetic properties of strip-casting 6.5 wt% Si electrical steel[J]. Journal of Magnetism and Magnetic Materials, 2014, 370: 6~12.

[56] Haitao Liu, Zhenyu Liu, Guodong Wang, et al. Evolution of Microstructure, Texture and Inhibitor along the Processing Route for Grain-oriented Electrical Steels Using Strip Casting[J]. Materials Characterization, 2014, submitted.

[57] Haitao Liu, J. Schneider, Guodong Wang, et al. Evolution of Microstructure and Texture along the Processing Route for Electrical Steels Using Strip Casting[J]. 6th International Conference on Magnetism and Metallurgy, WMM' 14, 2014, June 17—19, Cardiff-UK, 370~379.

[58] 刘海涛, 刘振宇, 王国栋, 等. 薄带连铸钢铁材料组织调控与性能优化[J]. 第三届海峡两岸绿色材料及绿色製程論壇. 2014, 9月3~4日, 台南.

[59] 刘海涛, 刘振宇, 王国栋, 等. 电工钢薄带连铸短流程制造理论与工业化技术研究进展. 中国工程院化工、冶金与材料工程第十届学术会议, 2014, 10月21—25日, 福州, 575~582.

RAL · NEU 研究报告

(截至 2015 年)

(2016 年待续)